Phänomen Energie

1

Was ist Energie?

Ist Energie so etwas wie ein Stoff?

Wie liefert Nahrung dem Körper Energie?

Wie wird Energie gespeichert?

Bleibt Energie erhalten oder wird sie verbraucht?

Sind Energie und Kraft dasselbe?

Kann der Organismus Energie herstellen?

Energie erkennt man an Erscheinungen.

1: Was haben Sport, eine Kerzenflamme und ein Keimling mit Energie zu tun?

Energie, was ist das?

Bewegung, Kraft, Licht, Wärme, unser Wachstum sowie das der Pflanzen verbinden wir mit Energie.

Richtig ist: Alle diese Vorgänge und Erscheinungen haben mit Energie zu tun. Häufig aber setzen wir sie mit Energie gleich: Bewegung, Feuer, Arbeit und Nahrung sind dann Energie. Oder auch: Energie ist Bewegung, Feuer, Hitze, Strom. Eine solche Gleichsetzung ist der größte Fehler, den wir beim Begriff „Energie" machen können, denn: Energie ist Energie ist Energie! Energie ist Energie und nichts Anderes!

Energie ist wissenschaftlich also etwas sehr Abstraktes, weshalb in der Physik nur das interessiert, was an ihr messbar ist: die Energiemenge.

Dennoch: Dass Energie im Spiel ist, erkennen wir immer nur an den Erscheinungen, die mit ihr verbunden sind. Deshalb ist es auch gerechtfertigt, Energie mit diesen Phänomenen zu veranschaulichen. Es sollte uns dabei jedoch immer bewusst sein, dass wir Bilder und *Metaphern* benutzen, die angeben, „als ob" die Erscheinung selbst die Energie wäre. Wir erfassen mit Bildern und Metaphern aber immer nur eine Seite von Energie und sollten Energie niemals mit ihnen vertauschen. Energie selbst bleibt also stets abstrakt als das quantifizierbare „Etwas", das alles am Laufen hält.

Wie verhält sich Energie zu Kraft?

Am häufigsten wird Energie im Alltag mit Kraft verglichen: „*Kraft ist fast wie Energie – beides kann etwas verändern*“, sagt eine Schülerin. Sie drückt damit etwas Richtiges aus. Energie hat, wie wir sehen werden, tatsächlich etwas mit Kraft zu tun. Energie ist aber nicht Kraft, obwohl sie bei der Ausübung von Kraft im Spiel ist (→ S. 12). Das Gleichsetzen von Kraft und Energie wäre also wieder falsch: Kraft ist physikalisch definiert als die Wirkung zwischen Körpern. Im Unterschied zu Energie kann Kraft nicht gespeichert werden. Kräfte wirken immer nur aktual: So wirkt auf einen geworfenen, fliegenden Ball (abgesehen von der Reibung an der Luft) ausschließlich die Schwerkraft (senkrecht zur Bewegung), obwohl beim Abwurf eine andere Kraft auf ihn ausgeübt wurde. Es ist also sinnvoll, Kraft und Energie zu unterscheiden.

Hat Energie Eigenschaften von Stoffen?

Die Begriffe „Fließen“ und „Umwandlungen“ sind uns von Stoffen bekannt. Verbunden mit den Fachwörtern „Energiefluss“ und „Energieumwandlung“, stellen wir uns unweigerlich Energie als einen Stoff vor. Wir machen uns Energie auf diese Weise verständlich. Jedoch sollten wir darauf achten, beide nur zu vergleichen und nicht gleichzusetzen. Energie ist kein Stoff und verhält sich nicht wie ein Stoff. Sie ist auch kein Bestandteil der Stoffe (→ S. 10 und 16).

ANSICHTEN UND EINSICHTEN

Energie

Das griechische Wort *energeia* bedeutet vom *Wortsinn* her „das ins Werk Setzende“, abgeleitet von griechisch en: „in“ und *ergeia*: „das Wirkende“, „die wirkende Kraft“.

In Naturwissenschaften gilt Energie als Grundbegriff, der für das Verstehen von Physik, Chemie und Biologie gleich wichtig ist.
Der US-amerikanische Physik-Nobelpreisträger *Richard P. Feynman* (1918–1988) äußerte: *„Die heutige Physik weiß nicht, was Energie ist.“* Die Aussage war provokativ gemeint, ist aber eigentlich eine Binsenweisheit, denn Physik „weiß“ auch nicht, was Gravitation, Materie, Zeit, Raum oder Kausalität ist. Sie verwendet Arbeitsbegriffe als wissenschaftliche Konstrukte, macht aber keine Aussagen über das Wesen der Dinge. Fern von Anschauung begnügt sie sich mit der Feststellung des Messbaren.

Daher wird Energie in der Physik fast ausschließlich abstrakt als eine Bilanzierungsgröße behandelt: Die Energiemenge kann vor und nach der Übertragung von einem System auf das andere gemessen werden. Ihr Betrag bleibt in der Summe bei allen Prozessen erhalten (Erhaltungssatz, 1. Hauptsatz der Thermodynamik). Der Satz der Erhaltung der Energie ist nur auf energetisch geschlossene Systeme anzuwenden. Energetisch offene Systeme hingegen nehmen Energie auf und geben Energie ab, sodass ihr Gehalt an Energie nicht gleich bleibt (→ S. 45).

Auch in der Wissenschaft wird Energie jedoch anschaulich mit Erscheinungen verbunden, vor allem mit Bewegung, (mechanischer) Arbeit und elektromagnetischer Strahlung. Deshalb redet man von verschiedenen Energieformen (wie Bewegungsenergie, chemische Energie, elektrische Energie). Es handelt sich um die verschiedenen Formen, wie Energie gespeichert oder übertragen werden kann (→ S. 12).

Energie kann Arbeit und Wärme bewirken.

Bewegen der Materie

Trotz der Abstraktheit des Energiebegriffs gibt es Versuche, Energie anschaulich zu definieren. Der Physiker und Philosoph Carl Friedrich von Weizsäcker formuliert: *„Energie ist das Vermögen, Materie zu bewegen.“* Diese Definition ist hilfreich, denn sie verbindet Energie mit den mit ihr verknüpften Prozessen (Bewegung von Materie) in allgemeiner Form. Die durch Energie bewirkte Bewegung von Materie äußert sich in zwei Phänomenen: Arbeit und Wärme.

Arbeit und Wärme ergeben sich aus den zwei Möglichkeiten, Materie-Teilchen zu bewegen: geordnete Bewegung der Teilchen und ungeordnete Bewegung der Teilchen. Geordnete Bewegung der Teilchen ist als Arbeit nutzbar, ungeordnete Bewegung der Teilchen ist Wärme (s. Abb. 1).

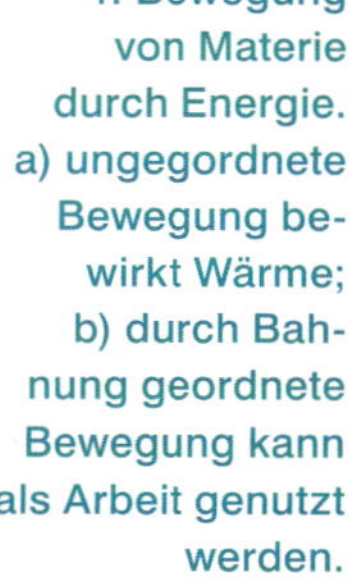

1: Bewegung von Materie durch Energie. a) ungegordnete Bewegung bewirkt Wärme; b) durch Bahnung geordnete Bewegung kann als Arbeit genutzt werden.

Zustand und Prozesse

Man beachte: Das Vermögen, zu bewegen, ist nicht die Bewegung selbst. Energie (als Zustand) auf der einen Seite und Bewegung von Teilchen (als zeitlich ablaufender Prozess) auf der anderen Seite sind also zu unterscheiden.

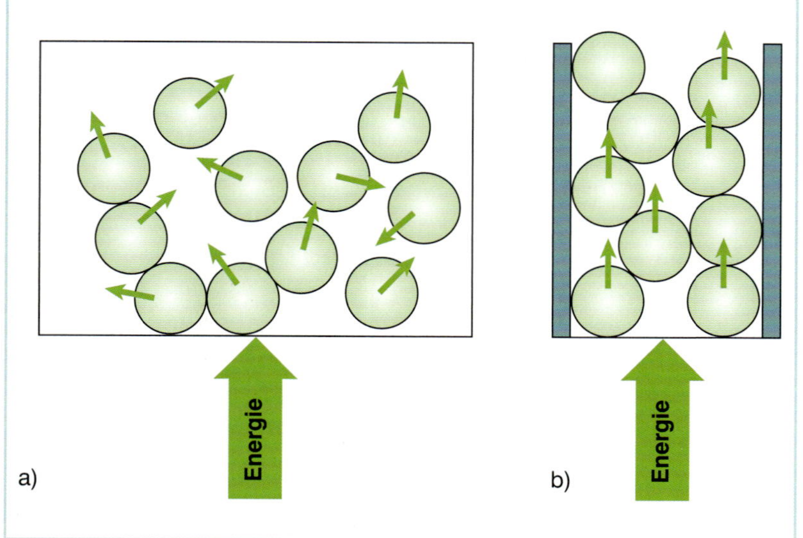

Gespeicherte Energie ist ein Zustand. Bewegung der Teilchen, Arbeit und Wärme sind Prozesse. Mit der Bewegung der Teilchen wird Energie verlagert: Man spricht von Energiefluss. Arbeit kann als geordneter (gebahnter) Energiefluss, Wärme als ungeordneter (ungebahnter) Energiefluss gekennzeichnet werden (s. Abb. 1).

Betrachtet man die Prozesse von Energiefluss zwischen mehreren Systemen und erneuter Speicherung im aufnehmenden System, so spricht man meist von Energieübertragung oder Energietransfer.

Die Nutzung der Energie als Arbeit und Wärme ist also an den Energiefluss gebunden. Gespeicherte Energie ist als solche nicht nutzbar: Gestautes Wasser treibt keine Turbine an, sondern fließendes Wasser. Ebenso ist die durch Lage gespeicherte Energie eines Steines ohne Wirkung, erst wenn der Stein den Abhang herunterfällt, hat der Steinschlag möglicherweise schwere Folgen.

Wärmefluss

Die Bahnung des Energieflusses ist nie so vollkommen, wie es in Abbildung 1 b dargestellt ist. Bei jeder Energieübertragung fließt ein Teil der Energie ungeordnet als Wärme ab. Dieser Teil kann dann nicht als Arbeit genutzt werden, weshalb man von „Energieentwertung“ spricht. In der gängigen (aber unzureichenden) Formulierung *„Energie ist die Fähigkeit, Arbeit zu verrichten“* ist der Wärmefluss übersehen: Energie gibt es auch, ohne dass sie Arbeit leisten kann. Sich auszubreiten, d. h. als Wärme abzufließen,

Energienutzung durch Organismen

Ulrich Kattmann

1 Phänomen Energie

2 Ernährung und Zellatmung

3 Photosynthesen

4 Enzyme und Energie

5 Energie und Entropie

2: Ein Gewichtheber leistet Arbeit und gibt mit Schwitzen zugleich Energie als Wärme ab.

ist eine Eigenschaft der Energie: Energie breitet sich aus, wenn sie nicht daran gehindert wird. Man spricht von Dissipation der Energie (lateinisch dissipare: sich verteilen, ausbreiten, zerstreuen).

Für Lebewesen ist die Abgabe von Energie als Wärme keine „Entwertung" und kein „Verlust", sie hat vielmehr einen Wert: Sie ist der Preis, der zum Erhalt der organismischen Strukturen gezahlt werden muss (→ S. 58).

Äquivalenz

Zieht man Bilanz – misst man also, wieviel Energie pro Zeiteinheit geflossen ist –, so erhält man die übertragene Energiemenge. Dieser Bilanzierungswert wird in Energieeinheiten gemessen (die SI-Einheit ist Joule [J]). Aber obwohl die geflossene Energiemenge in Energieeinheiten angegeben wird, sind Energie und Energiefluss (oder Energieübertragung) nicht dasselbe, also Energie ist nicht Arbeit oder Wärme. Energie hat vielmehr dieselbe Dimension und denselben Wert: Sie ist mit ihnen äquivalent. Das bedeutet: Die Werte der Arbeit und der Wärme können als aufgewendete bzw. übertragene Energiemenge angegeben werden.

WÖRTER UND BEGRIFFE

Wärme

In der Umgangssprache ist das Wort „Wärme" mehrdeutig. Wenn ein Gegenstand als „warm" wahrgenommen wird, wird Wärme als eine Eigenschaft bzw. als Zustand des Gegenstandes eingeordnet.

So wird Wärme leicht mit Temperatur eines Gegenstandes gleichgesetzt. Die Temperatur ist tatsächlich ein Zustand. Auf der Teilchenebene beruht sie auf der durchschnittlichen Geschwindigkeit der Teilchen.

Die physikalische Bedeutung von Wärme unterscheidet sich von der umgangssprachlichen Variante dadurch, dass sie als Prozessgröße definiert ist:
Wärme ist der Energiefluss, der von Systemen höherer Temperatur zu Systemen niedrigerer Temperatur stattfindet.

Um die Verwechslung mit einem Zustand zu vermeiden, wird in der Physik nicht (mehr) von Wärmeenergie gesprochen. Stattdessen verwendet man den Terminus „thermische Energie". Gemeint ist, dass in einem Gegenstand Energie durch die Bewegung der Teilchen thermisch gespeichert ist. Entsprechend kann man sagen, dass durch Wärme Energie thermisch übertragen wird (→ S. 13).

Um anzugeben, dass es sich bei Wärme physikalisch um einen Prozess handelt, kann man verdeutlichend von *Wärmefluss* sprechen.

AUFGABEN

1. Geben Sie an, wie Wärme und Temperatur physikalisch definiert sind und wenden Sie die Definitionen auf je ein Beispiel an.
2. Zeichnen Sie eine Skizze ähnlich der Abb. 1, indem Sie darstellen, dass bei Arbeit gleichzeitig auch immer Wärme auftritt.
3. In der Geschichte des Energiebegriffs war der Nachweis bedeutsam, dass mechanische Arbeit (damals gemessen in mkp) und Wärme (damals gemessen in cal) äquivalent sind. Erläutern Sie an diesem Beispiel, was es bedeutet, wenn zwei Größen äquivalent sind.

https://www.fr-v.de/1843009-k1-s7/

Herstellen von Bindungen liefert Energie, Spalten erfordert Energie.

Die Knallgasreaktion

Mit der „Knallgasprobe" prüft man, ob bei einer Reaktion Wasserstoff entstanden ist. Der Wasserstoff reagiert mit dem Sauerstoff in der Luft zu Wasser, wobei eine Explosion oder ein Verbrennen mit einer Flamme ablaufen kann. Daran erkennt man, dass bei der Reaktion Energie abgeben wird. Wie kommt das?

Spalten und Binden

Bei der Wasserbildung reagieren Wasserstoffmoleküle und Sauerstoffmoleküle miteinander. Dabei werden die Bindungen in den beiden Molekülen gespalten, im Wassermolekül werden neue Bindungen hergestellt (Abb. 2).
Das Bilden und Spalten von chemischen Bindungen hat energetische Konsequenzen.

Bindungsstärken

Die Teile des Moleküls werden durch elektrische Kräfte zwischen den Kernen und Elektronen der beteiligten Atome zusammengehalten. Es gibt schwache und starke Bindungen. Zum Überwinden der Bindungskräfte (Spalten der Bindungen) ist Energie nötig: Zum Spalten von schwachen Bindungen wird wenig, zum Spalten von starken Bindungen wird viel Energie benötigt.

Um den Vorgang richtig zu verstehen, muss man wissen, dass das Fachwort Bindungsenergie irreführend ist. Das Wort legt die Vorstellung nahe, dass in chemischen Bindungen Energie gespeichert wird. Deshalb wird irrtümlich angenommen, dass beim Spalten von Molekülen Energie abgegeben wird.

Die Bindungskräfte wirken ohne Zufuhr von Energie. Wäre es anders, müsste Energie ständig zugeführt werden, denn Energie ist nur durch Energiefluss nutzbar (→ S. 6).

Chemische Bindungen liefern jedoch keine Energie. Die Teile eines Moleküls oder eines Kristallgitters werden nicht durch Bindungsenergie, sondern durch Anziehungskräfte zusammengehalten. Die Bindungsenergie ist die Energiemenge, die aufgewendet werden muss, um eine chemische Bindung zu spalten.

1: H–O-Bindungen hergestellt

	Reaktanden				Produkt
(1)	Wasserstoff und Sauerstoff reagieren zu Wasser				
(2)	$2\ H_2$	+	O_2	→	$2\ H_2O$
(3)	H–H H–H	+	O=O	→	H–O–H H–O–H
(4)		+		→	

2: Reaktionsbeschreibungen („chemische Gleichungen"): (1) Wortbeschreibung, (2)(3)(4) Reaktionssymbole mit verschiedenen Molekülsymbolen.

Dieselbe Energiemenge wird beim Bilden der chemischen Bindung abgegeben: Nicht Spalten, sondern Binden liefert Energie.

Dieser Satz gilt allgemein. Ebenso ist er auf das Zusammenlagern oder Trennen von Molekülen in den Aggregatzuständen (→ S. 58) anzuwenden. Auch gilt er für das Trennen und Verbinden von Kernteilchen bei Kernfusion und Kernspaltung.

Bei Wasserbildung (Abb. 2) wird Energie durch die Bindung der Wasserstoffatome an das Sauerstoffatom geliefert: Bei der Reaktion wird die Energiemenge 482 kJ abgegeben. Pro mol Wassermolekül sind das 241 kJ. Diese Energiemenge wird als Reaktionsenergie ΔrH bezeichnet und mit negativem Vorzeichen versehen. Das Reaktionssymbol für die Knallgasreaktion lautet mit Angabe der Reaktionsenergie:

(5) $2\ H_2 + O_2 \rightarrow 2\ H_2O;\ \Delta rH = -482\ kJ$

Bevor die Atome sich zum Wasserstoffmolekül verbinden können, müssen zunächst die Moleküle des Wasserstoffs und des Sauerstoffs gespalten werden. Schon eine Streichholzflamme oder ein Funke reichen aus, um einige Moleküle zu spalten und so die Reaktion auszulösen.

Die dazu nötige Energie heißt Start- oder Aktivierungsenergie (→ S. 53).

WÖRTER UND BEGRIFFE

Bindungsenergie

Das Wort „Bindungsenergie" erweckt den Eindruck, dass Energie in der Bindung steckt. Energie ist die Fähigkeit, Materie zu bewegen (→ S. 6), das heißt bei chemischen Bindungen: die Molekülteile auseinander zu bewegen, also zu trennen.
Bindungsenergie müsste eigentlich Spaltungsenergie heißen, denn es ist die Energiemenge, die zum Trennen von Bindungen aufgebracht werden muss, um die Bindungskräfte zu überwinden. Die Gesamtenergie, die zum Trennen der Atome in einem Molekül nötig ist, wird Atomisierungsenergie genannt. In der Chemie ist der Terminus Bindungsenthalpie üblich. Die Energiebilanz einer chemischen Reaktion (bei konstantem Druck) heißt Reaktionsenthalpie.

Dass zum Spalten von Bindungen Energie nötig ist, nutzt man z. B. bei der „Kältemischung" aus Eis und Kochsalz. Beim Lösen des Salzes werden Wasserstoffbrücken des Eises gespalten. Dazu wird der Umgebung Energie entzogen, wodurch die Temperatur weit unter 0 °C sinkt.

AUFGABEN

1 Definieren Sie den Begriff Bindungsenergie.

2 Erläutern Sie einem Schüler aus der 10. Klasse, wie Teilchen in einem Molekül zusammengehalten werden.

3 Beschreiben Sie ausführlich den Verlauf einer Knallgasreaktion und erklären Sie, welche Rolle Energie beim Spalten und Binden während der Reaktion spielt.

https://www.fr-v.de/1843009-k1-s9/

Nicht Stoffe, sondern Reaktionen liefern Energie.

Tabelle 1: Bindungsenergien (kJ/mol): Energie, die beim Spalten der Bindungen aufgewendet werden muss.

H–H	436	C–C	348
H–O	463	C–O	358
O=O	498	H–S	367
C–H	413	S–S	255
C=O	745		

Energiebilanz der Knallgasreaktion

Entscheidend dafür, ob bei einer chemischen Reaktion Energie abgegeben wird, ist die Differenz der Bindungsenergien von Reaktanden einerseits und Produkten andererseits.

Die Energiebilanz lässt sich am Beispiel der Knallgasreaktion zeigen: Die gebildeten Bindungen in den Wassermolekülen sind zusammengenommen stärker als die Bindungen in den Molekülen der Reaktanden Wasserstoff und Sauerstoff.

Anhand der Angaben in Tabelle 1 kann man nachrechnen:

- **Aufspalten:** 2 mol H–H und 1 mol O=O:
  872 + 498 = 1370 kJ
- **Bilden:** 4 mol H–O:
  4mal 463 = 1852 kJ
- **Differenz:** 482 kJ

Wasserbildung und Wasserspaltung

Die Wasserbildung ist eine zentrale biochemische Reaktion, durch die Energie für den Organismus verfügbar wird (s. Zellatmung, → S. 24).

Zur Wasserspaltung ist entsprechend Energie nötig. Man kann dies daran erkennen, dass man bei der Elektrolyse Strom aufwenden muss, um Wasser in Wasserstoff und Sauerstoff zu zerlegen.
Wasserspaltung ist die zentrale biochemische Reaktion: Durch sie wird die Energie der Sonnen-

1: Bei der Reaktion von Kohle und Zucker mit Sauerstoff wird Energie abgegeben.

2: Tiere brauchen nicht nur Nahrung.
Zur Energienutzung müssen sie auch atmen.

strahlung, die vom Organismus aufgenommen wird, chemisch übertragen und gespeichert (s. Photosynthese, → S. 36).

Exergone und endergone Reaktionen

Selbsttätig ablaufende Reaktionen geben Energie ab. Sie heißen exergon. Reaktionen, die nur unter ständiger Zufuhr von Energie ablaufen, heißen endergon. Wasserbildung ist also eine exergone, Wasserspaltung eine endergone Reaktion.

Reaktionspartner aus Molekülen mit überwiegend schwachen Bindungen können exergon reagieren, wenn in den Produkten stärkere Bindungen gebildet werden. Reaktionspartner mit überwiegend starken Bindungen reagieren entsprechend endergon. Es gibt jedoch keine Energie liefernden Stoffe, sondern nur endergone und exergone Reaktionen.

ANSICHTEN UND EINSICHTEN

Energieträger

Das Wort Energieträger erweckt den Eindruck, dass der so bezeichnete Stoff Energie an sich oder in sich trägt. So spricht man etwa von Nährstoffen und Treibstoffen. Diese Bezeichnungen legen nahe, dass Energie allein von Stoffen geliefert werden kann. Stattdessen müsste sich die energetische Nutzung von Nährstoffen und Treibstoffen auf chemische Reaktionen, also Stoffumbildungen beziehen.

Die Angaben von Kalorien bei Lebensmitteln erwecken die Vorstellung, dass die angegebene Energiemenge in den Nährstoffen enthalten ist. Angegeben wird jedoch der Brennwert. Er gibt – wie der Name vermuten lässt – die Energiemenge an, die bei der Reaktion mit Sauerstoff abgegeben wird.
Obwohl jeder weiß, wie lebenswichtig Sauerstoff ist, wird seine Rolle im Zusammenhang mit der Ernährung und Energieversorgung meist vergessen. Das mag daran liegen, dass er unsichtbar und fast allgegenwärtig ist.

Würde man also statt Treibstoff „Brennstoff" sagen (und statt Nährstoff „Atmungsstoff"), käme man der Sache näher: Energie erhält man durch exergone Reaktionen des Treibstoffs und der Nährstoffe mit Sauerstoff (Zellatmung, → S. 24). Nicht die Nährstoffe und Treibstoffe liefern die Energie, sondern die Systeme „Nährstoff–Sauerstoff" und „Treibstoff–Sauerstoff".

Wenn man von Energieträgern sprechen will, dann ist erst das aus Sauerstoff und Treibstoffen bzw. Nährstoffen zusammengesetzte System so zu bezeichnen: Die Reaktion mit Sauerstoff ermöglicht, Nährstoffe und Treibstoffe in Atmung und Verbrennung energetisch zu nutzen. Man sollte zutreffend von energetisch nutzbaren Stoffen sprechen.

AUFGABEN

1. Geben Sie an, welchen Brennwert 1 Mol Wasserstoff hat.
2. Erläutern Sie, wie sich die Spaltung und Bildung der chemischen Bindungen auf die Energiebilanz einer Reaktion auswirken.
3. Erklären Sie, welche der Stoffe energetisch nutzbar sind: Wasser, Wasserstoff, Sauerstoff, Glukose, Kohlenstoffdioxid.

https://www.fr-v.de/1843009-k1-s11/

Energie kann auf verschiedene Weise übertragen und gespeichert werden.

1: Beim Fahrradfahren wird Energie übertragen und gespeichert.

Betrachtet man den Radfahrer und das Rad zunächst von außen, dann sieht man, dass Energie beim Treten mechanisch von den Muskeln auf die Pedale übertragen wird. Die Energie wird dann in der Bewegung des Fahrrads kinetisch gespeichert. Bremst der Fahrer, so wird die kinetisch gespeicherte Energie mechanisch auf die Bremsen und den Boden übertragen. Hierbei wird außerdem Energie durch Wärme abgegeben – wie bei allen anderen Prozessen auch.

Nicht nur zwischen Fahrrad und Fahrer finden energetische Prozesse statt, sondern auch im Fahrer selbst. Sie sind fast ausschließlich chemisch: Die im Nährstoffe–Sauerstoff-System chemisch gespeicherte Energie wird chemisch auf die Prozesse im Muskel übertragen. Der kontrahierende Muskel überträgt die Energie mechanisch auf die Pedale. Auch bei diesen Prozessen wird Energie durch Wärmefluss abgeführt: Der Körper fördert den Wärmefluss aus dem Körper durch Schwitzen.

Energiefluss (Energieübertragung) und Energiespeicher kann man in Speicher-Flussdiagrammen darstellen, in denen man Speicher z. B. als Blöcke, Flüsse als (breite) Pfeile zeichnet (Abb. 2). Die Energie wird nicht im Speicher, sondern beim Übertragen genutzt. Hier zeigt sich erneut: Energienutzung ist Energie*fluss*nutzung (→ S. 6).

Formen der Energiespeicher

Energie kann in folgenden Formen gespeichert werden:

- kinetisch (als Bewegung von Körpern),
- thermisch (als Bewegung von Molekülen, Ionen oder Atomen),
- elastisch (als mechanische Spannung in einem Körper),
- chemisch (als Fähigkeit von Stoffen zu exergonen Reaktionen),
- osmotisch (als Differenz der Konzentration zwischen den beiden Seiten einer selektiv durchlässigen Membran),
- lagemäßig (als Abstand von Körpern zum Gravitationsschwerpunkt),

2: Energiespeicher und Energiefluss am Beispiel des Fahrradfahrens

chemischer Speicher: Nährstoffe-Sauerstoff
chemische Übertragung Muskel-Kontraktion
Wärme
mechan. Übertragung: Treten des Pedals
Wärme
kinetischer Speicher: Bewegung des Fahrrads
mechan. Übertragung: Bremsen
Wärme

- magnetisch (als Lage von Magneten in einem magnetischen Feld),
- elektrostatisch (als elektrisches Potenzial).

Energiespeicherung besteht immer darin, dass Differenzen aufgebaut werden, die als Energiespeicher eine Weile erhalten bleiben. Der Aufbau einer Differenz ist gleichbedeutend mit dem Bilden einer Struktur (Abnahme von Entropie, → S. 58). In Organismen erfolgt Energiespeicherung in der Regel thermisch, elektrostatisch, osmotisch und vor allem chemisch.

Formen des Energieflusses

Energie fließt immer dann, wenn die bei der Speicherung aufgebauten Differenzen abgebaut werden und somit die gespeicherte Energie abgegeben wird.

Fließt dabei die Energie von einem System zu einem anderen, spricht man von Energieübertragung (Energietransfer). Das ist vor allem dann angemessen, wenn im neuen System erneut Differenzen aufgebaut werden, d. h. Energie wiederum gespeichert wird.

Beim Energiefluss bzw. bei der Energieübertragung kann man folgende Formen unterscheiden:

- mechanisch (durch Wirkung einer Kraft, z. B. durch Entspannen einer Feder oder Kontraktion eines Muskels),
- elektrisch (durch Bewegung von geladenen Teilchen in einem elektrischen Feld),
- magnetisch (durch Bewegung eines Magneten in einem magnetischen Feld),
- chemisch (durch exergone Reaktionen),
- osmotisch (durch Diffusion durch eine selektiv durchlässige Membran),
- radiatorisch (durch Aufnahme bzw. Abgabe von Strahlung),
- thermisch (durch Wärmefluss).

Der Energiefluss erfolgt in und durch Organismen hindurch in allen genannten Formen, radiatorische, osmotische und chemische Übertragung spielen für die Energienutzung der Organismen die Hauptrolle (Fotosynthese und Zellatmung, → S. 24 und 35).

WÖRTER UND BEGRIFFE

Energieformen

Die Formen der Energiespeicherung bzw. des Energieflusses werden oft vereinfachend Energieformen genannt. Man spricht dann beispielsweise von „chemischer" oder „kinetischer" Energie. Das erweckt den Eindruck, dass Energie sich verändert und folglich unterschiedliche Eigenschaften hat. Energie ist jedoch immer nur Energie – und nichts anderes.

„Energieumwandlungen" gibt es also nicht. Auch ist der Begriff Energieformen irreführend, wenn er nicht im Zusammenhang mit physikalischen Größen, sondern mit sogenannten Energiequellen genannt wird, wie z. B. „Windenergie", „Wasserenergie", „Kohleenergie".

Es ist besser, die Formen – wie hier im Text – unmissverständlich auf das Speichern bzw. den Fluss der Energie zu beziehen. Man stellt sich dann nicht vor, dass Energie umgewandelt wird, sondern spricht beispielsweise von chemisch *gespeicherter* oder mechanisch *übertragener* Energie.

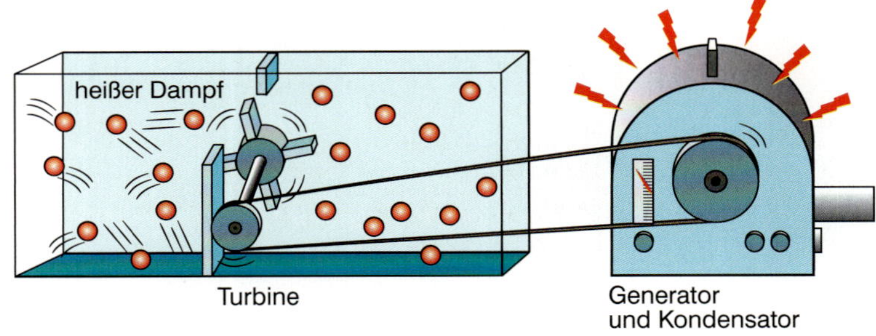

3: Schema einer Strom erzeugenden Dampfmaschine

AUFGABEN

1. Beschreiben Sie die Formen der Energiespeicher und der Energieübertragung bei einer Dampfmaschine (Abb. 3).
2. Erklären Sie, wie lange eine Dampfmaschine nach dem Schema der Abbildung 3 laufen kann.
3. Abb. 3 zeigt Energiespeicher und Energieübertragung bei einer Dampfmaschine. Zeichnen Sie ein entsprechendes Speicher-Fluss-Diagramm nach dem Vorbild von Abb. 2.

https://www.fr-v.de/1843009-k1-s13/

Transport von Materie benötigt Energie.

1: Pferd bei der Waldarbeit

Energie ist das Vermögen, Materie zu bewegen: Transport von Materie ist ausnahmslos von Energiezufuhr abhängig. Dazu können entweder die eigenen Muskeln eingesetzt werden, wie etwa beim Fahrradfahren, oder die Muskeln von Nutztieren (Abb. 1). Andernfalls kann man Treibstoff, Sauerstoff und Motoren verwenden.

Energiefluss und Materietransport

Energie wird manchmal über große Strecken übertragen, weshalb man irreführend von „Energietransport" anstelle von Energiefluss redet. Energie wird dazu jedoch nicht aufgewendet, sondern sie wird allenfalls in anderer Form übertragen.

Man kann sich den Unterschied von Fließen und Transportieren am Unterschied zwischen Wasserfluss und Wassertransport klarmachen. Wasserfluss kann energetisch genutzt werden, indem die kinetisch gespeicherte Energie mechanisch auf eine Turbine übertragen wird. Wassertransport benötigt dagegen Energie, z. B. wenn man Wasser auf einen Berg pumpt oder Trinkwasser per Lastwagen in Gebiete mit Wassermangel bringt.

Transport in Zellen

Bei Zellen erfolgt der Transport von Molekülen oder Ionen mithilfe von Membranen, mit denen die Zellen gegen die Umgebung abgegrenzt oder im Innern gegliedert (*kompartimentiert*) sind.

Von einer Membran umgebene *Vesikel* schnüren sich von durchgehenden Membranen ab und transportieren Material in die Zelle, von Organell zu Organell oder aus der Zelle hinaus. Der Transport besteht im Abschnüren, Fortbewegen der Vesikel und Verschmelzen mit einer anderen durchge-

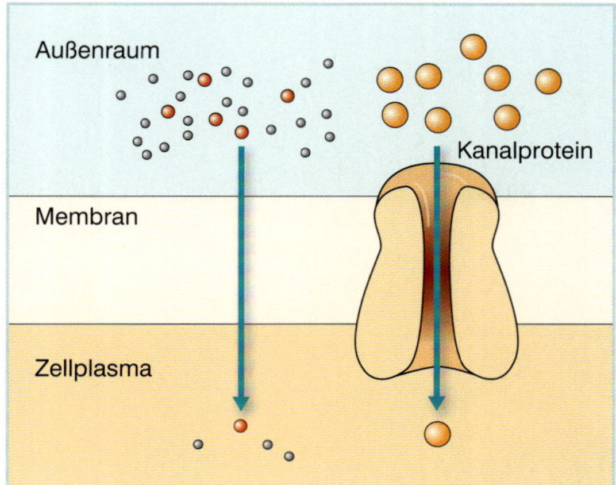

2: Passiver Transport von Teilchen durch Membranen erfolgt durch Diffusion von hoher Konzentration zu niedriger. Dabei wird osmotisch gespeicherte Energie osmotisch in kinetische Energie übertragen.

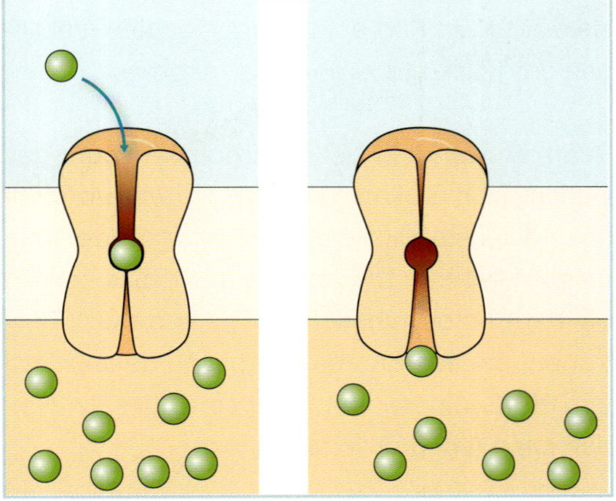

3: Aktiver Transport von Teilchen durch Membranen erfolgt gegen das Konzentrationsgefälle von niedriger Konzentration zu hoher. Dadurch wird Energie osmotisch gespeichert.

henden Membran. Diese Prozesse werden missverständlich Membranfluss genannt. Die Membranen fließen dabei nicht und der Transport der Materie benötigt auch hier Energie, die die Zelle u. a. zum Fortbewegen der Vesikel aufwendet.

Der Transport von Molekülen oder Ionen durch Membranen hindurch ist ebenfalls mit dem Aufwand von Energie verbunden.
Nach der Art des Energieeinsatzes unterscheidet man passiven und aktiven Transport (Abb. 2 und 3).

WÖRTER UND BEGRIFFE

Passiver und aktiver Transport

Wenn sich auf den beiden Seiten einer Membran unterschiedliche Konzentrationen von Molekülen oder Ionen befinden, ist damit Energie osmotisch gespeichert. Diese Energie wird osmotisch übertragen und genutzt, indem die Moleküle oder Ionen von der konzentrierteren Seite (meistens durch Kanäle) durch die Membran strömen und so die Konzentrationsdifferenz ausgleichen oder verringern (Abb. 2). Diesen Transport bezeichnet man als passiv, da er gemäß der Konzentrationsdifferenz durch Diffusion erfolgt und die Zellen daher keine zusätzliche Energie aufwenden müssen.

Die Unterschiede der Konzentrationen zwischen Zellmembranen müssen Zellen hingegen unter Energieaufwand herstellen bzw. aufrecht erhalten, so beispielsweise das Ruhepotenzial von lebenden Zellen und die Differenzen der Konzentrationen von Wasserstoffionen bei Zellatmung und Photosynthese (→ S. 32).

Aktiver Transport unterscheidet sich von passivem dadurch, dass er gegen ein Konzentrationsgefälle erfolgt, indem die Moleküle oder Ionen mithilfe von Kanalmolekülen durch die Membran transportiert werden (Abb. 3).
Für die Veränderung der Kanalmoleküle, die während des Transports vonstatten geht, wird Energie benötigt, die chemisch übertragen wird. Durch das Überwiegen der Konzentration auf einer Membranseite wird Energie osmotisch gespeichert.

Aktiver und passiver Transport durch Membranen sind ungünstig gewählte Fachwörter. Man kann den Transport nur daran unterscheiden, ob er einen Konzentrationsunterschied erhöht oder verringert.

AUFGABEN

1 Vergleichen Sie Energiefluss und Materietransport am Beispiel Radfahren (vgl. S. 12, Abb. 1 und 2).

2 Erläutern Sie, welche Formen der Energieübertragung und Energiespeicher von Organismen zum Transport von Materie genutzt werden.

3 In Lehrbüchern steht zuweilen: „Aktiver Transport durch Membranen benötigt Energie, passiver Transport nicht." Erläutern Sie, was mit dieser Aussage genau gemeint ist.

https://www.fr-v.de/1843009-k1-s15/

Energie und Materie verhalten sich unterschiedlich.

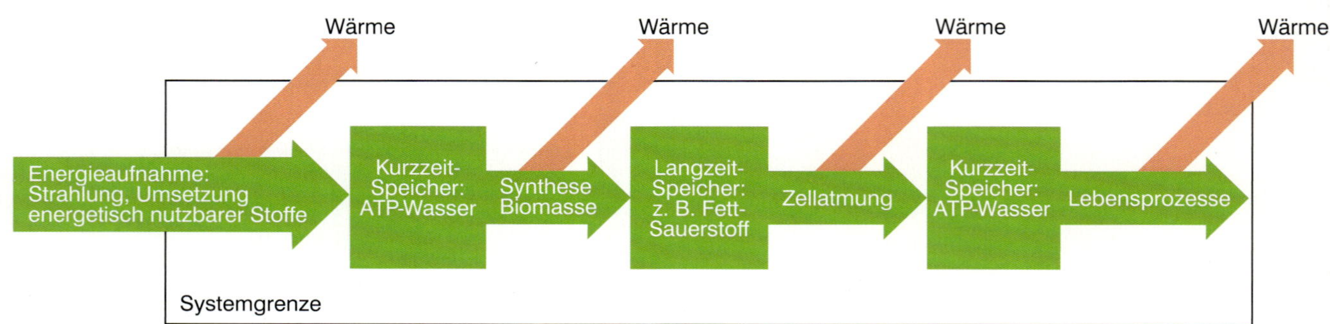

1: Durchfluss und Speicherung von Energie bei energetisch offenen Systemen (Beispiel: Organismen)

2: Transport, Speicherung und Kreislauf von Stoffen bei materiell offenen Systemen (Beispiel: Organismen)

Der Physiker und Philosoph Carl Friedrich von Weizsäcker bezeichnet Energie und Materie als die beiden „Substanzen" der Natur. Das Wort „Substanz" wird umgangssprachlich eigentlich nur für Stoffe gebraucht. Von Weizsäcker unterscheidet jedoch Materie und Energie klar voneinander. Er behilft sich mit „Substanz", da wir keine allgemeine Bezeichnung für die Entitäten Materie und Energie haben. Sie haben zwar einige Eigenschaften gemeinsam: Weder Materie noch Energie können „spurlos" verschwinden, noch können sie „aus dem Nichts" erschaffen werden. Jedoch verhalten sie sich so verschieden, dass es angebracht ist, materielle und energetische Aspekte klar zu trennen.

Materielle und energetische Aspekte

Beim Essen wird nicht Energie aufgenommen, sondern Nahrung (materieller Aspekt). Nährstoffe und Sauerstoff sind energetisch nutzbare Stoffe; sie werden im Körper in exergonischen Reaktionen umgesetzt (energetischer Aspekt).

Pflanzen wandeln bei der Photosynthese das Licht nicht in Glukose um. Glukose wird vielmehr aus Kohlenstoffdioxid und Wasser gebildet (materieller Aspekt). Die Energie des Lichts bewirkt bei der Photosynthese den Transport von Elektronen, sodass Energie chemisch gespeichert und zur Synthese von Glukose eingesetzt werden kann (energetischer Aspekt).

Energetische Aspekte sind zwar mit den materiellen Aspekten verknüpft, man sollte sie jedoch stets klar von ihnen unterscheiden.

Auch die Wege von Energie und Materie durch den Organismus sind unterschiedlich. Energie fließt durch den Organismus hindurch; Materie wird auf verschiedene Weise transportiert (→ S. 14).

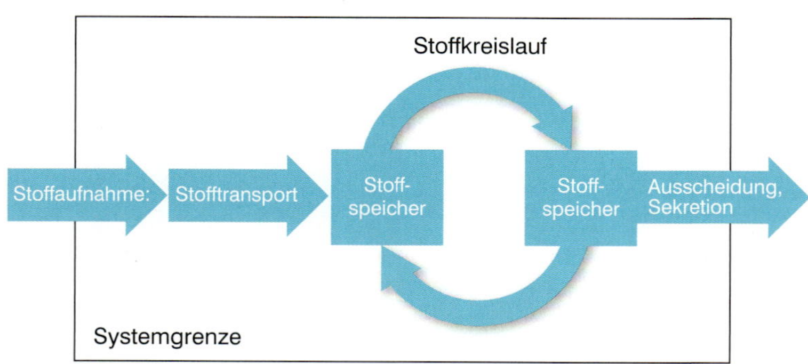

Durchfluss der Energie

Energie wird – soweit sie nicht gespeichert ist – letztlich durch Wärmefluss an die Umgebung abgegeben (Abb. 1). Energie wird also von den Organismen nicht hergestellt, vielmehr wird sie aufgenommen und abgegeben. Man spricht von offenen Systemen (→ S. 45).

3: Albert Einstein und die berühmte Formel, mit der er die Beziehung zwischen Masse und Energie formulierte

Transport und Kreisläufe der Materie

Materie wird durch den Organismus hindurch transportiert und kann ebenfalls gespeichert werden. Im Unterschied zu Energie können Stoffe im Organismus auch kreisen. Das bekannteste Beispiel ist der Blutkreislauf vieler Tiere, ein weiteres der Kreislauf von Gallensäuren zwischen Darm und Leber (enterohepatischer Kreislauf).

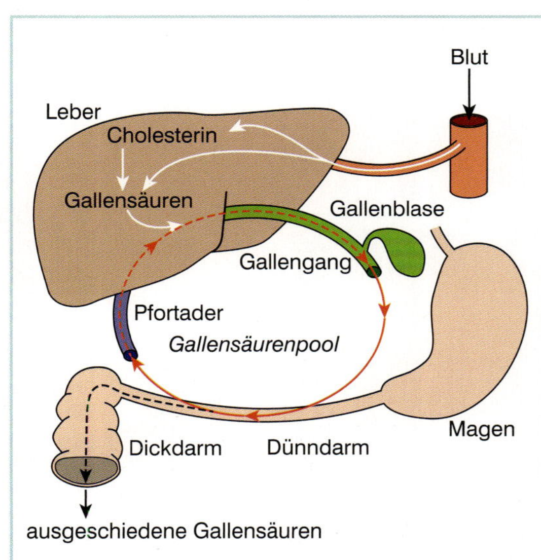

4: Kreislauf der Gallensäuren

ANSICHTEN UND EINSICHTEN

Äquivalenz

Die Gleichung von Einstein zeigt, dass Masse und Energie äquivalent sind. Äquivalenz bedeutet, dass die Beträge der beiden Größen ineinander umgerechnet werden können (wie auch Arbeit und Wärme, → S. 6–7).

Da die Lichtgeschwindigkeit c konstant ist, ist ihr Quadrat ebenfalls eine Konstante. Masse in [g] kann daher ohne Weiteres in Energie in [J] umgerechnet werden: Eine Energiemenge kann man als Masse in Gramm, eine Masse als Energie in Joule angeben. Da die Lichtgeschwindigkeit sehr groß ist, entspricht einer geringen Masse ein riesiger Betrag an Energie. Umgekehrt entspricht ein riesiger Betrag an Energie nur einer sehr kleinen Masse.

Da Masse dem entspricht, was bei Materie als Schwere oder Trägheit messbar ist, bedeutet die Äquivalenz von Masse und Energie: Energie ist genauso real wie Materie. Materie ist nur einfacher und konkreter fassbar als Energie.

Albert Einstein umschrieb das Verhältnis von Masse und Energie als „zwei Seiten derselben Sache". „Dieselbe Sache" zeigt sich am deutlichsten in kernphysikalischen Reaktionen, bei denen Masse vollständig in Energie umgewandelt werden kann.

Die „zwei Seiten" stehen bei allen anderen Prozessen im Vordergrund. Obgleich die Äquivalenz von Masse und Energie selbstverständlich auch bei allen anderen Prozessen gilt, kann man die Prozesse nur dann fachlich zutreffend verstehen, wenn man energetische und materielle Aspekte getrennt voneinander betrachtet.

AUFGABEN

1 Erläutern Sie, inwiefern Masse und Energiemenge äquivalent, aber Materie und Energie nicht dasselbe sind.

2 In Biologiebüchern ist oft zu lesen: „Energie fließt, Stoffe kreisen." Nehmen Sie Stellung, inwiefern diese Aussage zutrifft oder nicht.

3 Auf Seite 3 sind einige Fragen zur Energie aufgeführt. Versuchen Sie, diese Fragen so zu beantworten, dass die Antworten eine Schülerin oder ein Schüler der 9. Klasse versteht. Die Seiten dieses Kapitels können Ihnen dabei helfen.

https://www.fr-v.de/1843009-k1-s17/

Ernährung und Zellatmung

2

Welche Stoffe nehmen Pflanzen aus dem Boden auf?

Was macht der Sauerstoff im Körper?

Was hat Atmung mit Verbrennung gemeinsam?

Warum muss man atmen?

Wie hängen Atmung und Ernährung zusammen?

Wie kann ATP Energie liefern?

Atmen Pflanzen wie wir?

Nährstoffe werden von Lebewesen energetisch genutzt.

Lebewesen nehmen Stoffe aus ihrer Umgebung auf, nutzen sie für ihre Lebensprozesse und sie geben andere Stoffe an die Umgebung ab. Man beschreibt Lebewesen daher als materiell offene Systeme (→ S. 45).

Tiere essen und atmen – wozu?

Tiere – also auch Menschen – nehmen Nährstoffe auf und atmen Sauerstoff ein. Nährstoffe sind Eiweiße, Fette und Kohlenhydrate (Stärke und Zucker). Sie werden mit der Nahrung aufgenommen. Man nennt diese Ernährungsweise heterotroph (fremdernährend).

Der eingeatmete Sauerstoff wird im Körper mit Stoffen zusammengebracht, die aus Nährstoffen gewonnen wurden. Durch den Umsatz mit Sauerstoff wird Energie verfügbar.

Außer Nährstoffen nehmen Tiere mit ihrer Nahrung Mineralstoffe und Wasser auf. Mineralstoffe sind u.a. für die Produktion von Eiweißen und Farbstoffen wichtig. Der rote Blutfarbstoff enthält beispielsweise Eisen(II)-Ionen.

Wie ernähren sich Pflanzen?

Pflanzen stellen ihre Nährstoffe selbst her und atmen wie Tiere Sauerstoff. Diesen benötigen sie – genauso wie die Tiere – für die energetische Nutzung der Nährstoffe in der Zellatmung.

Allerdings setzen Pflanzen im Licht bei der Photosynthese Sauerstoff im Überschuss frei, den sie direkt für ihre Atmung nutzen können. Zur Herstellung von Nährstoffen brauchen sie Kohlenstoffdioxid und Wasser (Photosynthese, → S. 36). Man nennt diese Ernährungsweise autotroph (selbsternährend).

Jedoch müssen Pflanzen wie Tiere Mineralstoffe aufnehmen. Mineralstoffe sind z. B. Salze mit Metallionen sowie Stickstoff-, Phospor- und

1: Stoffaufnahme bei Tieren

2: Stoffaufnahme bei Pflanzen

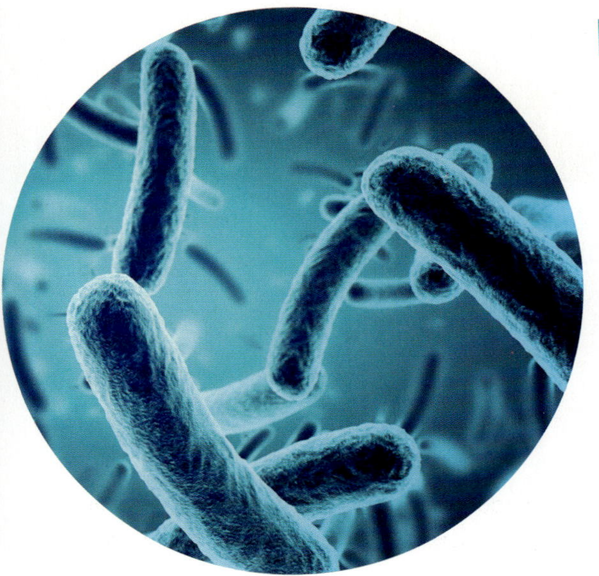

3: Bakterien atmen und ernähren sich unterschiedlich.

WÖRTER UND BEGRIFFE

Nährstoffe

In der Humanbiologie bezeichnet man keineswegs alle mit der Nahrung aufgenommenen Stoffe als Nährstoffe. Nährstoffe heißen vielmehr nur die für den Menschen energetisch nutzbaren Stoffe, das sind Kohlenhydrate, Fette und Eiweiße.

In der Ernährungswissenschaft werden dagegen oft alle mit der Nahrung aufgenommenen Stoffe als Nährstoffe bezeichnet, also auch Mineralstoffe und Wasser. Hier macht man also keinen Unterschied zwischen Nahrungsstoffen (die in der Nahrung enthaltenen Stoffe) und Nährstoffen (energetisch nutzbare Stoffe).

Botaniker betrachten die von Pflanzen aufgenommenen Mineralstoffe als „Pflanzennahrung". Die für Pflanzen wichtigen Mineralstoffe bezeichnen sie als „Pflanzennährstoffe".

Die Bezeichnung „Nährstoffe" für die von Pflanzen aufgenommenen Mineralstoffe ist irreführend, da Pflanzen ihre Nährstoffe nicht aufnehmen, sondern in ihrem Körper selbst herstellen. Bei Lebewesen sollten nur die zur Energienutzung verwendeten Stoffe als Nährstoffe bezeichnet werden. Bei Tieren und Pflanzen sind dies Kohlenhydrate, Fette und Eiweiße. Beim Menschen werden Nährstoffe vor allem im Fettgewebe und in der Leber als Glykogen gespeichert. Bei Pflanzen befinden sie sich als Speicherstoffe in Samen und Knollen und dienen so den keimenden bzw. austreibenden Pflanzen als erste Nährstoffe, bevor sie die eigene Produktion beginnen.

Pflanzen nehmen also keine Nährstoffe auf, wohl aber die Energie des Lichts. Lichtstrahlung ist der primäre energetische Aspekt ihres Lebens. Man nennt sie daher wie Algen und einige Bakterien phototroph. Das heißt wörtlich übersetzt „von Licht ernährend" (→ S. 42).

Schwefelatomen (Nitrate, Phosphate, Sulfate), die u. a. zur Produktion von Eiweißen und Farbstoffen wie das Chlorophyll nötig sind. Pflanzen entnehmen dem Boden die Mineralstoffe zusammen mit Wasser – jedoch keine Nährstoffe!
Pflanzen ernähren sich also nicht vom Boden.

Unter den *Mikroben*, wie den *Bakterien*, gibt es verschiedene Ernährungsweisen. Einige ernähren sich wie Pflanzen, andere wie Tiere und manche auf noch ganz andere Weise. Ebenso atmen sie unterschiedlich. So gibt es Bakterien, die nicht Sauerstoff, sondern andere Stoffe zur Zellatmung nutzen (beispielsweise Schwefel).

Wozu brauchen Lebewesen Wasser?

Für die Zellen der Lebewesen ist der Wasserhaushalt wichtig.
Im Wasser sind Mineralstoffe und körpereigene Stoffe gelöst, die mit dem Wasser transportiert werden (→ S. 14). In wässriger Lösung finden viele chemische Reaktionen im Organismus statt.
Da die gelösten Stoffe in den Zellen höher konzentriert sind als in der Umgebung, ist Energie in den Zellen osmotisch gespeichert (→ S. 12).
Prall mit Wasser gefüllte Zellen geben Pflanzen und Pilzen Stabilität, indem die Zellkörper gegen die Zellwände drücken. Sie wirken wie ein Hydroskelett. Von Hydroskeletten spricht man bei Tieren, z. B. beim prall gefüllten Hautmuskelschlauch, der bei Ringelwürmern und Fadenwürmern als Widerlager zur Kontraktion der Muskeln wirkt.

Für grüne Pflanzen und *Cyanobakterien* hat Wasser eine weitere Funktion: Wassermoleküle werden bei der Photosynthese mithilfe der Energie des Lichts gespalten und liefern so Elektronen (→ S. 39).

ATP ist ein wichtiges Molekül bei der Energieübertragung.

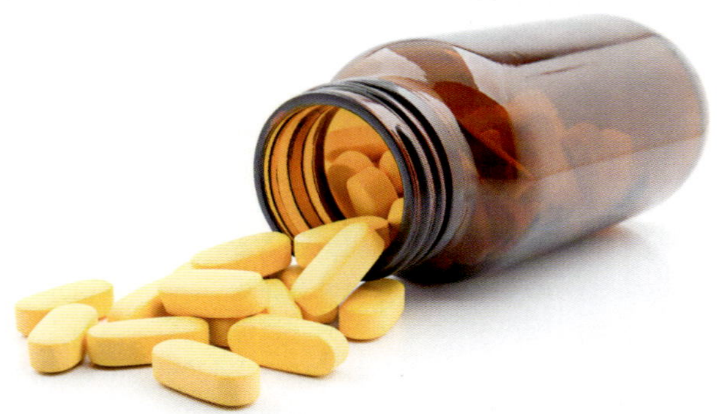

1: ATP ist ein Stoff, keine Energie. Energie wird jedoch durch die Reaktion von ATP mit Wasser chemisch übertragen.

Adeninrest NH_2
Riboserest
3 Phosphatreste
Adenosin (ATP) Tri-Phosphat

2: Struktur des ATP-Moleküls. Es ist nicht berücksichtigt, dass in wässriger Lösung Ionen vorliegen.

Die meisten Lebensprozesse sind chemisch oder werden chemisch gesteuert. Für endergone Reaktionen wird Energie benötigt; die Energie wird von exergonen Reaktionen geliefert. Die am häufigsten in Organismen genutzte exergone Reaktion ist die Hydrolyse von ATP (**A**denosin-**T**ri-**P**hosphat): die Reaktion von ATP mit Wasser.

Das ATP-Molekül

Im ATP-Molekül ist ein Adeninrest mit einem Riboserest sowie drei Phosphatresten verknüpft (Abb. 2). ATP ist also ein *Nukleotid*, dessen Phosphatrest mit zwei weiteren Phosphatresten verknüpft ist.

Spaltung von ATP

In Lehrbüchern steht häufig, dass die Spaltung von ATP Energie liefert. Die Abspaltung eines Phosphatrests aus dem ATP-Molekül zu ADP (**A**denosin-**Di**-**P**hosphat) benötigt jedoch – wie jedes Spalten einer Bindung – Energie: Die Spaltung von ATP ist endergon. Wird sie durch Wärmezufuhr herbeigeführt, entstehen zwei Radikale (Abb. 3).

A–O–P(=O)(OH)–O–P(=O)(OH)–O• ↓ •P(=O)(OH)–OH

3: Thermisch-mechanische Spaltung des ATP-Moleküls: Es entsteht ein ADP-Radikal und ein Phosphatrest-Radikal. A: Adenosin.

Hydrolyse von ATP

Mit Spaltung von ATP ist in Wirklichkeit die Reaktion von ATP mit Wasser gemeint: Bei der Hydrolyse wird ein Molekül chemisch durch Wasseranlagerung zerlegt: Im Fall der Hydrolyse von ATP entstehen ADP und Phosphat (Abb. 4). Die Reaktion von ATP mit Wasser ist exergon. Die Energie, die mit der Hydrolyse des ATP bereitgestellt wird, ist also zuvor nicht in ATP, sondern im System ATP–Wasser chemisch gespeichert.

Außer in der Hydrolyse wird ATP durch Übertragung eines Phosphatrests (Phosphorylierung) auf ein anderes Molekül energetisch genutzt (z. B. Glukose). Dieses Molekül übernimmt die 3. Phosphatgruppe vom ATP-Molekül (im Austausch mit einem Wasserstoffatom). Freies Phosphat wird nicht gebildet. Die Reaktion wird durch ein Enzym gesteuert (→ S. 51, Abb. 2).

Hydrolyse:

(1) ATP + Wasser → ADP + P

Übertragung:

(2) ATP + Glukose → ADP + Glukose-Phosphat

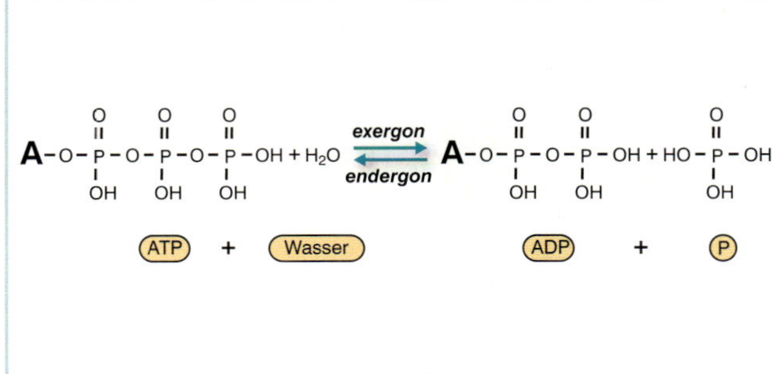

4: Reaktion von ATP mit Wasser (Hydrolyse) und Rückreaktion von ADP mit Phosphat. A: Adenosin.

A + B
ATP + Wasser
G + H
exergon
z. B. Reaktion energetisch nutzbarer Stoffe mit Sauerstoff
endergon
exergon
endergon
z. B. Muskelarbeit, Erregungsleitung
C + D
ADP + P
E + F

5: Zentrale Rolle von ATP bei der chemischen Energieübertragung im Organismus: Kopplung von exergonen und endergonen Reaktionen

Umsätze von ATP

Das Gleichgewicht der Hydrolyse von ATP liegt auf der rechten Seite. Die exergone Reaktion verläuft nicht nur freiwillig, sondern auch schnell: Im Körper gebildetes ATP reagiert innerhalb von Sekunden mit Wasser.

ATP kann daher nicht über längere Zeit gespeichert werden.

Es existiert gerade so lange, dass es zur Einsatzstelle in der Zelle transportiert werden kann. ATP ist gleichsam „Essen auf Rädern", das mehrfach geliefert und gleich verspeist wird: Zu gleicher Zeit sind im Körper eines Menschen ungefähr 80 g ATP vorhanden, die in etwa 1,5 Minuten verbraucht sind. Im Laufe eines Tages produzieren die Zellen etwa 80 kg ATP.

Die wichtigsten Prozesse, in denen ATP in Organismen gebildet wird, sind Zellatmung und Photosynthese (→ S. 31 und 38).

Energetische Kopplung

Exergone Reaktionen des ATP können mit endergonen Reaktionen gekoppelt werden und somit energieaufwändige Lebensprozesse ermöglichen, die ohne ATP nicht möglich wären. Umgekehrt liefern exergone Reaktionen, z. B. Photoreaktion der Photosynthese (→ S. 38) und Endoxidation bei der Zellatmung (→ S. 30), die Energie, mit der aus ADP und Phosphat ATP (und Wasser) gebildet wird (Abb. 5).

ANSICHTEN UND EINSICHTEN

Energiemünze ATP

ATP wird metaphorisch oft als „Energiewährung" des Körpers bezeichnet. Daran ist richtig: ATP ist zwar der wichtigste Stoff, der in den chemischen Prozessen der Zellen zusammen mit Wasser unmittelbar energetisch genutzt werden kann. Die *Metapher* „Währung" erweckt jedoch den Eindruck, als ob es Energie in verschiedenen Ausgaben gibt und als ob ATP selbst Energie ist. Wenn man den Betrag an nutzbarer Energie mit einem „Geldwert" vergleichen will, dann kann man besser von einer „Energiemünze" sprechen. Damit betont man den materialen Aspekt: ATP ist ein energetisch nutzbarer Stoff, aber keine Energie.

Die Bindungen zwischen den Phospatresten im ATP-Molekül werden in Lehrbüchern oft als besonders „energiereich" bezeichnet und mit einer Wellenlinie als solche gekennzeichnet. Die Aufspaltung dieser Bindungen liefert aber keine Energie, sondern benötigt sie (→ S. 8–9). Folgender Zusammenhang klärt, was die Bindungen im ATP-Molekül für die Energieübertragung bedeuten: Um die schwachen Bindungen zwischen den Phosphatresten zu spalten, benötigt man wenig Energie. Die schwache Bindung des Phosphatrests ermöglicht so indirekt, dass die Energie bei der Bildung der starken Bindungen im Phosphation abgegeben wird: Es wird dadurch mehr Energie geliefert als für die Spaltung der schwachen Bindung des Phosphatrests aufgewendet werden muss.

AUFGABEN

1 Erläutern Sie, was in Lehrbüchern mit „Spaltung von ATP" eigentlich gemeint ist.

2 ATP wird auch als Nahrungsergänzungsmittel angeboten. Erklären Sie, ob die Einnahme sinnvoll ist.

3 Erörtern Sie in einem kurzen Aufsatz die Frage, ob in ATP und in Nährstoffen „energiereiche Bindungen" enthalten sind.

https://www.fr-v.de/1843009-k2-s23/

Nährstoffe werden im Körper mit Sauerstoff umgesetzt, aber nicht verbrannt.

1: Mahlzeit

Beim Abbau von Nährstoffen werden Moleküle gewonnen, die im Körper von Lebewesen mit Sauerstoff reagieren. Die Summe der Reaktionen beschreibt man häufig so, dass Glukose und Sauerstoff zu Wasser und Kohlenstoffdioxid umgesetzt werden. Diese Beschreibung informiert nicht darüber, was bei der Reaktion geschieht. Man erfährt nicht einmal, wo die reagierenden Sauerstoffatome verbleiben.

Verbleib der Sauerstoffatome

Bietet man einem Lebewesen Sauerstoff aus radioaktiven ^{18}O-Isotopen an, so findet man die Isotope ausschließlich in den Wassermolekülen wieder, nicht im Kohlenstoffdioxid. Wenn die H-Atome demnach mit den O-Atomen des Luft-Sauerstoffs reagieren, sind nur noch sechs O-Atome der Glukose vorhanden, die nicht ausreichen, um sechs CO_2-Moleküle zu bilden. Es muss also eine weitere Quelle für O-Atome geben: Wasser ist weiterer Reaktand. Im *Reaktionssymbol* müssen daher auf beiden Seiten Wassermoleküle stehen. Die radioaktiven Sauerstoffisotope sind hier fett markiert:

(1) $C_6H_{12}O_6 + 6\,\mathbf{O}_2 + 6\,H_2O \rightarrow 12\,H_2\mathbf{O} + 6\,CO_2$

In der Reaktion werden also Wasserstoff und Sauerstoff zusammengebracht: Die Bildung von H–O-Bindungen in den Wassermolekülen liefert wie bei einer Knallgasreaktion Energie (→ S. 8–11). Im Körper findet jedoch keine Explosion statt, vielmehr wird die Energie durch eine Kette von chemischen Reaktionen schrittweise genutzt und osmotisch gespeichert (→ S. 31). Die Vorgänge finden in Zellen statt. Sie werden deshalb zusammenfassend Zellatmung genannt.

Abbau von Nährstoffen

Man beachte: Energie wird nicht durch den Abbau der Glukose geliefert, sondern durch die Wasserbildung. Für die Spaltung der Glukose braucht man Energie, wie für jede Spaltung von Bindungen.

Auch die *Verdauung* von Nährstoffen wie Stärke liefert dem Körper keine Energie. Die Reaktionen bei der Verdauung von Nährstoffen, wie die von Stärke mit Wasser, sind zwar exergon und laufen freiwillig ab. Jedoch sind sie so langsam, dass der Körper trotzdem Energie aufwendet, indem er Enzyme produziert und in den Darm abgibt.

Die bei der Verdauung im Darm abgegebene Energie, z. B. bei der enzymatisch katalysierten Hydrolyse von Stärke, kann der Körper nicht zur ATP-Bildung nutzen. Der Darm ist eingestülpte Außenwelt: Die Reaktionen finden also außerhalb der Körperzellen statt. Die Energie kommt dem Körper allenfalls durch Wärme etwas zugute. Diese liefert aber hauptsächlich die Muskelarbeit des Darms, die bei der Verdauung als Energieaufwand zum Transport der Nahrung hinzukommt.

Verbrennung und biologische Oxidation

Verbrennung und Zellatmung bilden dieselben Produkte: Wasser und Kohlenstoffdioxid. In der Summe stimmen die Reaktionssymbole überein: Es werden beim Verbrennen sowie beim Veratmen dieselben Mengen an Wasser und Kohlenstoffdioxid gebildet. Häufig wird Atmung deshalb als eine andere Form der Verbrennung beschrieben. Die Energieübertragung in der Zellatmung findet dagegen in kleinen Portionen ohne Flammenbildung und große Temperaturunterschiede statt (→ S. 30).
Verbrennung und Atmung sind völlig verschiedene chemische Prozesse: Bei einer Verbrennung landen die Atome des Sauerstoffs vor allem in Kohlenstoffdioxidmolekülen. Bei der Zellatmung landen sie durch einen komplexen biochemischen Prozess dagegen ausschließlich in Wassermolekülen.
Schon die genauen Reaktionssymbole geben Aufschluss über die verschiedenen Stoffumwandlungen, die keinesfalls gleichgesetzt werden sollten. Um sie von der Verbrennung zu unterscheiden, heißt Zellatmung auch biologische Oxidation:

Verbrennung

$$(2)\ C_6H_{12}O_6 + 6\ \mathbf{O}_2 \xrightarrow{\text{Wärme, Licht}} 6\ H_2O + 6\ C\mathbf{O}_2$$

biologische Oxidation

$$(3)\ C_6H_{12}O_6 + 6\ \mathbf{O}_2 + 6\ H_2O \xrightarrow[\text{Mitochondrien}]{\text{ATP, Wärme}} 12\ H_2\mathbf{O} + 6\ CO_2$$

Mit Recht spricht man dagegen vom Brennwert der Nährstoffe. Denn für die Energiebilanz ist es gleichgültig, ob Nährstoffe veratmet oder verbrannt werden. Da die Art und die Mengen der Produkte bei Atmung und Verbrennung gleich groß sind, sind auch die abgegebenen Energiemengen gleich. Brennwerte werden bei Nahrungsmitteln in Kilojoule pro Gramm [kJ/g] oder pro Kilogramm [kJ/kg] angegeben, häufig jedoch noch mit der älteren Einheit Kilokalorie [kcal] statt Joule, die einfach „Kalorie" genannt wird.
Bei Verbrennung und Zellatmung sind auch die Formen der Übertragung und Speicherung der Energie verschieden (Wärme und Licht bzw. ATP-Wasser-System und Wärme).

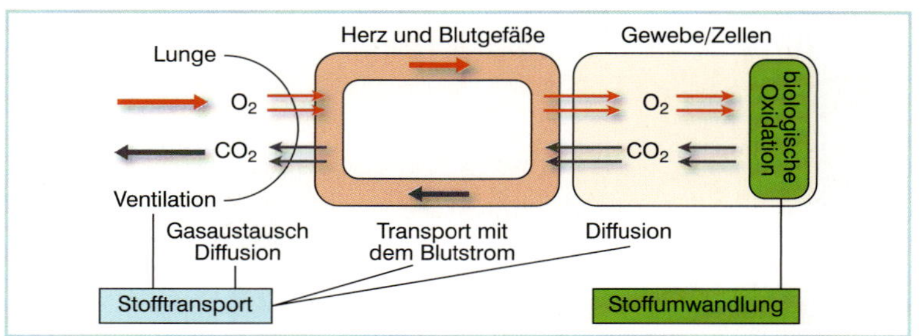

2: Aspekte der Atmung (Beispiel: Landwirbeltiere)

WÖRTER UND BEGRIFFE

Atmung

Das Wort Atmung ist mehrdeutig. Es bezeichnet die Atembewegungen (Ventilation), den Gasaustausch, den Transport der Atemgase (z. B. durch einen Blutkreislauf), sowie die Zellatmung oder biologische Oxidation (Abb. 2). Dabei ist zu beachten, dass die zuerst genannten Prozesse Transportprozesse sind, die Energie benötigen. Hingegen ist der letzte Atmungsprozess eine Stoffumwandlung, die Energie liefert, da die Reaktionen in der Summe der (exergonen) Wasserbildung entsprechen. (→ S. 8 – 11).
Im Prozess der Zellatmung kommen die Aufnahme von Sauerstoff (Atmung) wie auch die energetische Nutzung von Nährstoffen (Ernährung) zusammen, weshalb die Zellatmung ebenso gut Zellernährung heißen könnte.
Atmung wird häufig nur als Gasaustausch verstanden. Daher wird der im Licht überwiegende Gasaustausch bei Pflanzen, also die Aufnahme von Kohlenstoffdioxid und die Abgabe von Sauerstoff, ebenfalls oft als Atmung aufgefasst. Dieser Gasaustausch beruht jedoch auf oxygener Photosynthese, er ist also keine Atmung (→ S. 36). Der Gasaustausch findet in dieser Weise nur im Licht statt, wenn die Photosynthese die Zellatmung der Pflanze überwiegt.

AUFGABEN

1. Die Hydrolyse von Stärke ist exergon. Zur Verdauung von Stärke muss der Körper trotzdem Energie aufwenden. Erläutern Sie diesen Gegensatz.

2. Erläutern Sie, welche Prozesse mit den englischen Wörtern „breathing" und „respiration" unterschieden werden.

3. Wenn Verbrennung und Zellatmung unterschiedliche Energiebilanzen hätten, ergäbe sich eine faszinierende Möglichkeit. Erläutern Sie diese Aussage. Tipp: Bedenken Sie, welche Energiemenge aufgewendet werden muss, damit eine exergone Reaktion in die umgekehrte Richtung verläuft.

https://www.fr-v.de/1843009-k2-s25/

Nährstoffe können auch ohne Sauerstoff energetisch genutzt werden.

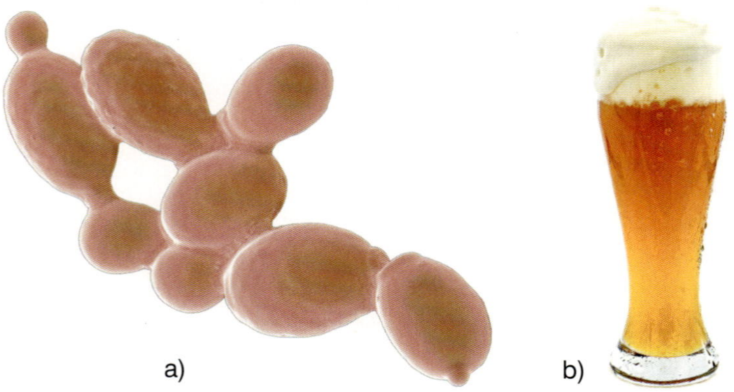

1: a) Hefezellen und b) Hefeweizen

Nährstoffe allein können keine Energie bereitstellen, da nicht Stoffe, sondern Reaktionen Energie liefern (→ S. 10).
Bei der Zellatmung werden aus Nährstoffen gewonnene Moleküle in Mitochondrien zuletzt mit Sauerstoffmolekülen umgesetzt (→ S. 31).
In der ersten Phase wird kein Sauerstoff benötigt, diese Phase heißt Glykolyse. Sie findet mithilfe von Enzymen im Zytoplasma statt (→ S. 27).
Wenn kein Sauerstoff vorhanden ist oder die Zelle keine Mitochondrien hat, können Zellen die Glykolyse ohne die anschließenden Phasen der Zellatmung durchführen: Dieser Prozess heißt Gärung.

Glykolyse

Es besteht ein großer Unterschied zwischen den anaerob verlaufenden Reaktionen der Glykolyse und der Umsetzung mit Sauerstoff: Die Reaktionen ohne Sauerstoff liefern viel weniger Energie als solche mit Sauerstoff. Außerdem muss zunächst Energie aufgewendet werden, um die Energie liefernden Reaktionen überhaupt durchführen zu können.

Investitionsphase

In der ersten Phase der Glykolyse wird keine Energie geliefert, vielmehr wird im ATP-Wasser-System gespeicherte Energie eingesetzt: Durch zweimalige Übertragung eines Phosphatrests (→ S. 51) auf ein Glukose- bzw. Fruktosemolekül (C_6) entsteht ein doppelt phosphoryliertes Molekül (Abb. 2 a). In der Investitionsphase werden demnach zwei Moleküle ATP energetisch genutzt.

Ertragsphase

In der zweiten Phase dienen die gebildeten Moleküle der Energienutzung: Im ersten Schritt wird das C_6-Biphosphatmolekül in zwei C_3-Phosphatmoleküle gespalten. Für alle folgenden Schritte stehen zwei C_3-Phosphatmoleküle zur Verfügung. Diese Schritte finden also pro gespaltenem C_6-Molekül zweimal statt.
Im nächsten Schritt wird das phosphorylierte C_3-Zuckermolekül weiter aufbereitet: Mithilfe von NAD^+ (**N**icotinsäureamid-**A**denin-**D**inukleotid) wird der C_3-Zucker (Glyzerin-Aldehyd-Phosphat, GAP) zur Carbonsäure oxidiert, NAD^+ dabei zu NADH reduziert. Die Energie dieser stark exergonen Reaktion wird dazu genutzt, einen (anorganischen) Phosphatrest (P) zu übertragen, sodass ein C_3-Biphosphatmolekül entsteht. Von diesem Molekül werden die beiden Phosphatreste in zwei Schritten jeweils auf ein ADP-Molekül übertragen. Bei diesen beiden Reaktionen wird also ADP zu ATP phosphoryliert (Substratphosphorylierung). Es ist die Umkehrung der Reaktion, bei welcher der Phosphatrest vom ATP auf das Substrat übertragen wird (→ S. 51). Substratphosphorylierung heißt also nicht Phosphorylierung des Substrats, sondern Phosphorylierung durch das Substrat:

(1) Substrat–P + ADP $\longrightarrow$ ATP + Substrat

Insgesamt werden so vier ATP-Moleküle gebildet (Abb. 2b): Die Ertragsphase der Glykolyse ist exergon. Die Energie wird im ATP-Wasser-System chemisch gespeichert.

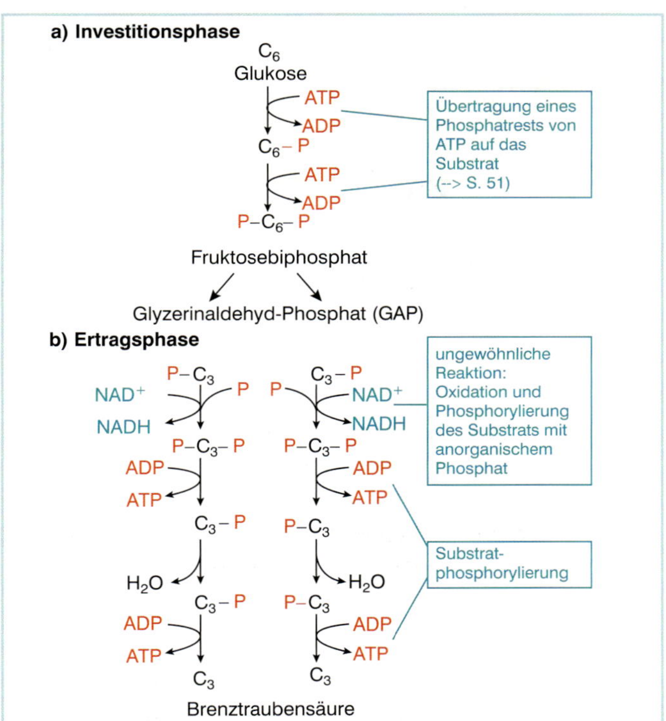

2: Phasen der Glykolyse

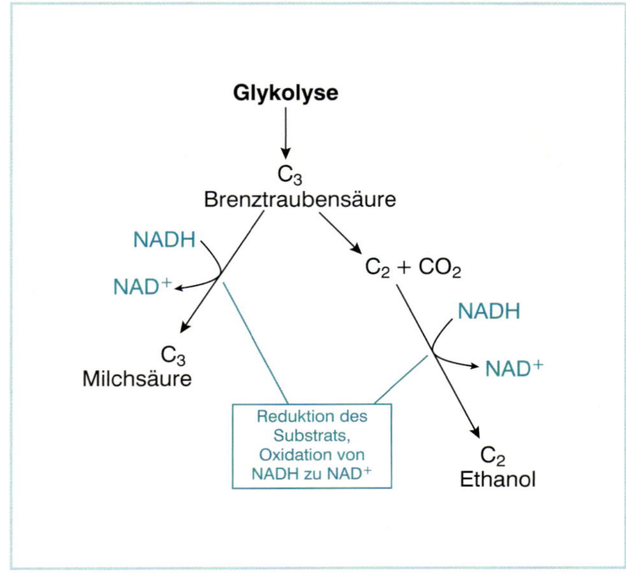

3: Regeneration des Oxidationsmittels bei Milchsäuregärung und alkoholischer Gärung

Als Bilanz der Gykolyse ergeben sich pro eingesetztem Glukosemolekül zwei ATP-Moleküle:

Investitionsphase

(2) Glukose + 2 ATP ⟶ 2 GAP + 2 ADP

Ertragsphase

(3) 2 GAP + 4 ADP + 2 P ⟶ 4 ATP + 2 H_2O + 2 Brenztraubensäure

Summe

(4) Glukose + 2 ADP + 2 P ⟶ 2 Brenztraubensäure + 2 ATP + 2 H_2O

Regeneration des Oxidationsmittels bei Gärungen

Bei Gärungen schließt an die Glykolyse keine weitere Energienutzung an. Die Reaktionen, die auf die Glykolyse folgen, stellen vielmehr NAD^+ wieder her (Abb. 3): Die Brenztraubensäure (C_3-Zucker) wird mit Enzymen des Zytoplasmas entweder zu Milchsäure umgewandelt oder unter Abspaltung von Kohlenstoffdioxid zu Ethylalkohol (Ethanol).

Dabei wird NADH zu NAD^+ oxidiert, das dann für die Glykolyse als Oxidationsmittel wieder zur Verfügung steht.

ANSICHTEN UND EINSICHTEN

Ursprüngliche Energienutzung?

In der Uratmosphäre der Erde gab es keinen molekularen Sauerstoff. Er wurde erst nach dem Entstehen der oxygenen Photosynthese durch phototrophe Organismen in der Atmosphäre angereichert (➔ S. 46).
Die Glykolyse kommt praktisch bei allen Lebewesen vor. Deshalb gelten Glykolyse sowie Gärung als ursprüngliche Stoffwechselwege.
Dafür spricht auch, dass Gärungen – anders als Elektronen- und Ionentransport sowie die membrangebundenen ATP-Synthasen der Zellatmung (➔ S. 32) – nicht an Membranstrukturen gebunden sind.
Die Glykolyse setzt jedoch für ihren Start voraus, dass dem Organismus ATP bereits zur Verfügung steht.

AUFGABEN

1 Vergleichen Sie die Übertragung eines Phosphatrests von ATP auf das Substrat mit der Substratphosphorylierung. Geben Sie an, worin der Unterschied der beiden Prozesse chemisch besteht.

2 Vergleichen Sie die Reaktionen der Investitions- und der Ertragsphase und geben Sie an, welche Reaktionen für die energetische Nutzung entscheidend sind.

https://www.fr-v.de/1843009-k2-s27/

Aus Nährstoffen wird Wasserstoff gewonnen.

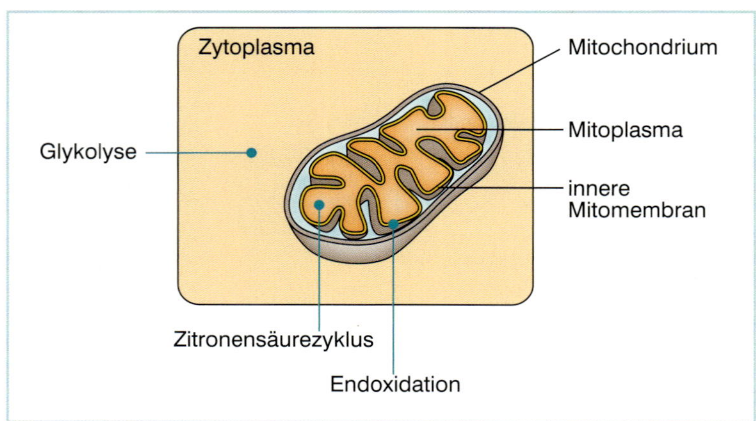

1: Stationen und Orte der Zellatmung

Zellatmung ist bei Pflanzen und Tieren die Umsetzung von Nährstoffen mit Sauerstoff. Ihre drei Abschnitte – Gykolyse, Zitronensäurezyklus und Endoxidation – sind auf das Zytoplasma und die Mitochondrien verteilt (Abb. 1). Im letzten Abschnitt kommt der Sauerstoff ins Spiel (→ S. 32).

Glykolyse

Im Zytoplasma läuft die Glykolyse ab, die in der Zellatmung den Prozessen in den Mitochondrien vorausgeht (→ S. 26).

Die Gykolyse liefert Produkte, die in den Mitochondrien energetisch genutzt werden:

- Brenztraubensäure (C_3), die im Mitoplasma (Matrix) weiterverarbeitet wird,
- NADH, das anders als bei der Gärung nicht zu NAD^+ regeneriert, sondern in der Endoxidation zur ATP-Bildung eingesetzt wird (→ S. 33, Abb. 2).

Bildung und Aktivierung der Essigsäure

Im Plasma des Mitochondriums werden von dem Brenztraubensäuremolekül (C_3) ein Kohlenstoffdioxidmolekül (Decarboxylierung) abgespalten, sowie Wasserstoff auf NAD^+ übertragen (*Oxidation*). Es entsteht ein Essigsäuremolekül (C_2). Es wird an das Coenzym A zu Acetyl-CoA gebunden. Coenzyme sind Stoffe, die mit Enzymen katalytisch zusammenwirken.

Zitronensäurezyklus

Als Acetyl-CoA-Molekül wird die Essigsäure (C_2) in einen enzymatisch gesteuerten Kreisprozess eingeschleust. Dieser Prozess wird Zitronensäurezyklus genannt (Tricarbonsäurezyklus oder nach seinem Entdecker Krebszyklus). Er besteht aus einer Abfolge von Stoffumwandlungen von Carbonsäuren, deren Moleküle vier bis sechs Kohlenstoffatome enthalten (C_4 bis C_6).

Ein Produkt des Zitronensäurezyklus ist Oxalessigsäure, deren Molekül vier C-Atome hat (C_4). Ein Molekül der Oxalessigsäure wird mit einem eingeschleusten Molekül Essigsäure (C_2) zu einem Molekül Zitronensäure (C_6) zusammengefügt. Im Zyklus wird zweimal ein Molekül Kohlenstoffdioxid abgespalten (Decarboxylierung), sodass Carbonsäuren entstehen, deren Moleküle vier Kohlenstoffatome enthalten (C_4). Mit der so wieder gebildeten Oxalessigsäure beginnt ein neuer Zyklus, in den wiederum ein Essigsäuremolekül eingefügt wird (Abb. 2).

Die Umwandlung der Carbonsäuren ist Mittel zum Zweck: Der Zyklus dient der Wasserstoffproduktion.

Der Wasserstoff wird jedoch nicht als Gas freigesetzt, sondern ist gebunden [H]: Die Stoffe NADH und $FADH_2$ sind Wasserstoffträger. Sie entstehen durch Reduktion von NAD^+ (**N**icotinsäureamid-**A**denin-**D**inukleotid) bzw. FAD (**F**lavin-**A**denin-**D**inukleotid). Die Bilanz pro Umlauf beschreibt folgendes Reaktionssymbol:

(1) $CH_3COOH + 2\ H_2O \longrightarrow 2\ CO_2 + 8\ [H]$

Essigsäure + Wasser → Kohlenstoffdioxid + Wasserstoff, gebunden an Wasserstoffträger

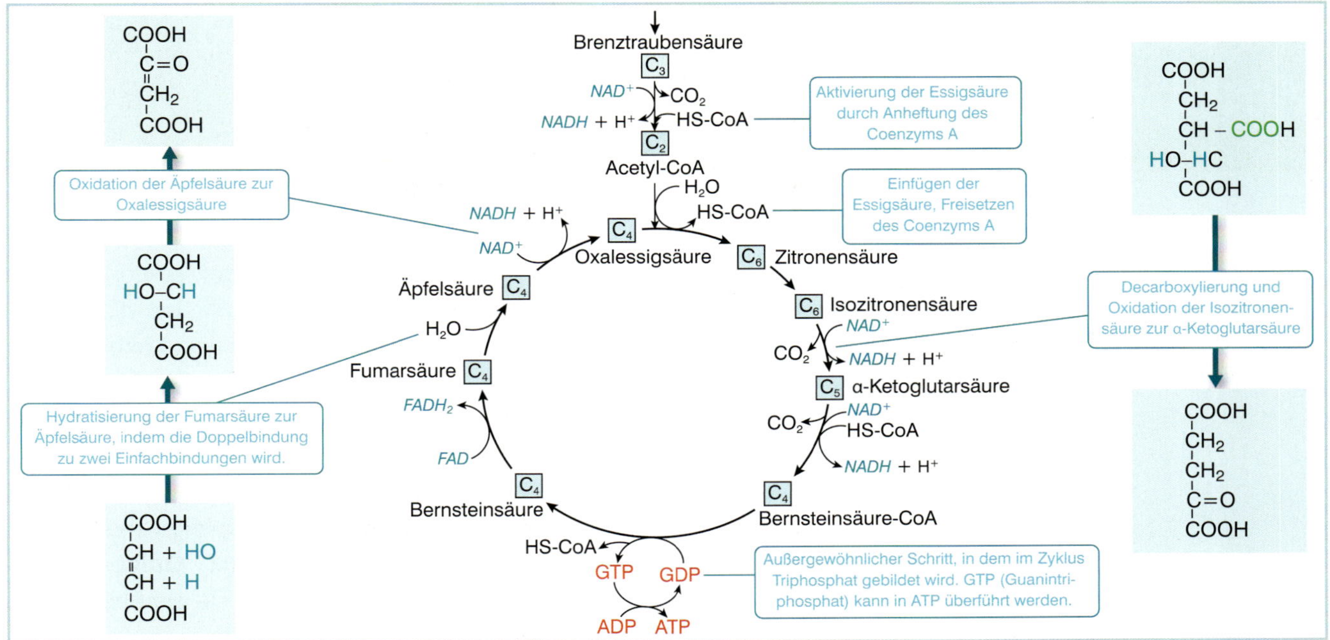

2: Der Zitronensäurezyklus produziert die Wasserstoffträger NADH und $FADH_2$. Die farbig markierten Atomsymbole in den Kästen symbolisieren Abspaltung aus oder Einfügung in das Carbonsäuremolekül.

Insgesamt werden also die in den Zyklus eingeschleusten Essigsäuremoleküle (C_2) vollständig zu Kohlenstoffdioxidmolekülen (C_1) umgesetzt. Da die Wasserstoffträger leicht Elektronen abgeben, wirken sie in vielen biochemischen Reaktionen als Reduktionsmittel. Sie werden daher auch Reduktionsäquivalente genannt. Das ist auch ihre Rolle im folgenden Abschnitt der Zellatmung, der Endoxidation (→ S. 30).

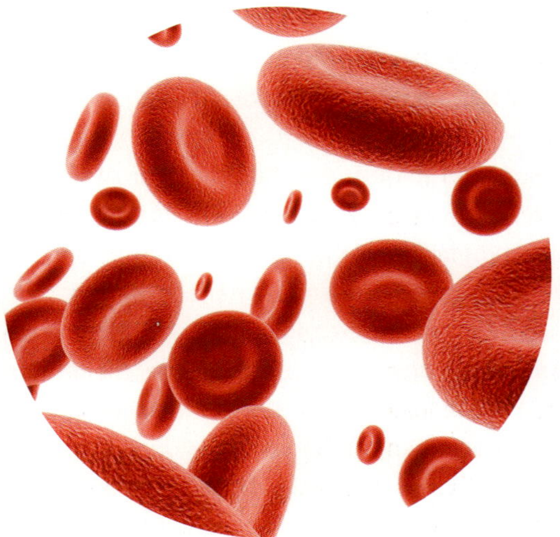

3: Rote Blutzellen haben keine Mitochondrien.

ANSICHTEN UND EINSICHTEN

Aufteilung oder Kombination?

Die Aufteilung der Prozesse der Zellatmung auf verschiedene *Kompartimente* (Abb. 1) kann als ökonomische Arbeitsteilung in der Zelle gedeutet werden. Die Verteilung der Glykolyse sowie der beiden anschließenden Phasen der Zellatmung sind darüber hinaus das Ergebnis des Zusammenwirkens von ursprünglich selbstständigen Zellen: Die Glykolyse im Zytoplasma wurde mit den Prozessen des Zitronensäurezyklus sowie der Endoxidation im Mitochondrium kombiniert. Dabei wurde die anaerobe Energienutzung einer ursprünglichen Wirtszelle (Gärung, → S. 27) mit der Energienutzung eines Sauerstoff atmenden Bakteriums (Zitronensäurezyklus und Atmungskette) verknüpft (*Endosymbiontentheorie*).

AUFGABEN

1 Erläutern Sie den Grund dafür, dass im Zitronensäurezyklus an zwei Stellen Wassermoleküle eingefügt werden.

2 Erläutern Sie die Reaktionstypen Oxidation, Decarboxylierung und Hydratisierung anhand Abb. 2.

3 Erklären Sie, wie Rote Blutzellen (Abb. 3) Energie nutzen.

https://www.fr-v.de/1843009-k2-s29/

Mit dem Transport von Ionen durch eine Membran wird Energie gespeichert.

Der letzte Abschnitt der Zellatmung findet an der inneren Membran der Mitochondrien statt (→ S. 28). Er besteht aus dem Transport von Elektronen. Damit verknüpft ist der Transport von Wasserstoffionen durch eine Membran.

Nur an diesem Abschnitt der Zellatmung ist Sauerstoff beteiligt: Es wird Wasser gebildet. Wasserstoff und Sauerstoff treten dabei nicht direkt zusammen. Sauerstoffmoleküle nehmen vielmehr Elektronen auf – als letztes Glied einer Folge von chemischen Reaktionen. Diese Elektronen werden beim Start des Elektronentransports von Wasserstoffträgern geliefert, die in vorausgegangenen Abschnitten der Zellatmung gebildet werden (→ S. 27 und 29).

Elektronentransport

Elektronen sind Nichtschwimmer: Sie bewegen sich nicht selbst, sondern werden von Redoxreaktionen transportiert: Ein Molekül gibt Elektronen ab (*Oxidation*), ein anderes nimmt sie auf (*Reduktion*). Das Elektronen aufnehmende Molekül (Elektronenakzeptor) wird reduziert, das die Elektronen abgebende Molekül (Elektronendonator) wird oxidiert.
Die beteiligten Moleküle (und Molekül-Komplexe) müssen für die Redoxreaktionen – wie die Partner jeder chemischen Reaktion – zusammenstoßen. Eine Reihe von Redoxreaktionen bildet so eine Elektronentransportkette, die bei der Zellatmung Atmungskette genannt wird (Abb. 2).

Die Atmungskette besteht aus in die Membran eingelagerten Proteinkomplexen und beweglichen (mobilen) Molekülen, die die Verbindung zwischen den Komplexen herstellen: Chinonmoleküle (Q, engl.: **Q**uinone) und Cytochrommoleküle (Cyt). Da die Abstände in der Membran gering sind, reichen die Wärmebewegungen für den Molekültransport aus.

Von den beiden im Zitronensäurezyklus gebildeten Wasserstoffträgern (→ S. 29) ist in Abbildung 2 nur NADH berücksichtigt. Es startet mit der Elektronenabgabe an dem Komplex I. Der Wasserstoffträger $FADH_2$ gibt Elektronen an einen Komplex II ab, der im Gegensatz zu Komplex I keine Wasserstoffionen transportiert.

Die folgende Elektronentransportkette stimmt bei beiden Wasserstoffträgern überein. Als Reduktionsmittel geben sie Elektronen an die mobilen Chinonmoleküle weiter. Chinonmoleküle schwimmen überall in der Membran, da die Membran nicht starr ist (*Flüssig-Mosaik-Modell*).

Die darauf folgenden Stationen der Atmungskette sind die Komplexe III und IV sowie Cytochrommoleküle, die wie ein Shuttle zwischen den beiden Komplexen hin und her schwimmen. Zuletzt nehmen Sauerstoffmoleküle die Elektronen auf. Der Prozess von der Abgabe der Elektronen vom Wasserstoffträger bis zur Wasserbildung heißt Endoxidation.

Die Reaktionen der Atmungskette sind exergon. Die Summe der Energiemengen, die abgege-

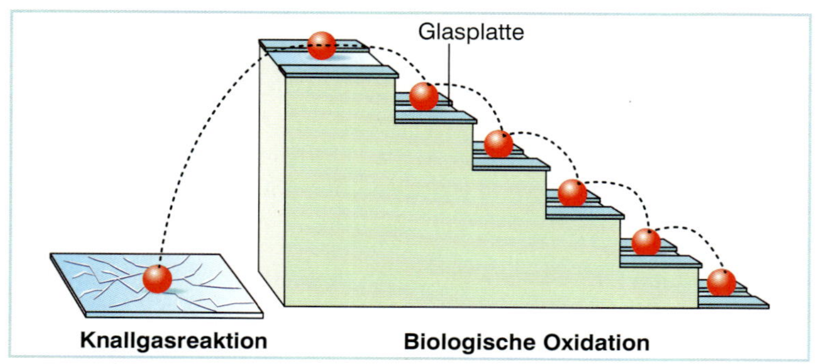

1: Modell zum Vergleich von Knallgasreaktion und Zellatmung (biologische Oxidation): Bei der Knallgasreaktion wird die Energie auf einmal übertragen, die Glasscheibe zerspringt. Bei der biologischen Oxidation wird die Energie in kleinen Portionen (Stufen) übertragen. Die Glasscheibe bleibt heil.

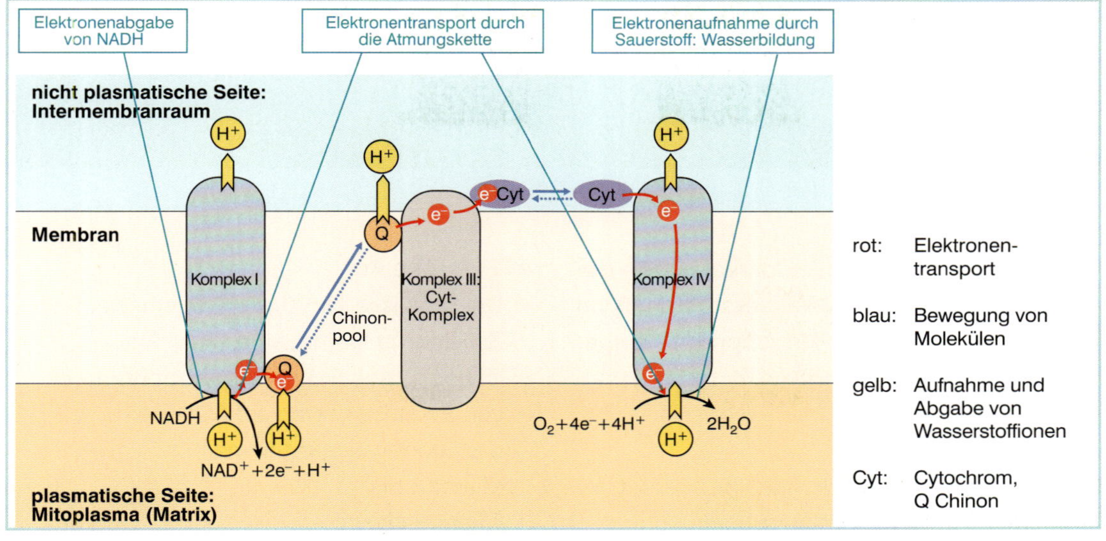

https://www.fr-v.de/1843009-film1-atmungskette/

2: In der Atmungskette werden Elektronen transportiert. Mit dem Elektronentransport verknüpft werden Wasserstoffionen vom Mitoplasma in den Intermembranraum verlagert ($FADH_2$ und der Komplex II sind nicht berücksichtigt).

ben wird, entspricht der einer Knallgasreaktion. Die Knallgasreaktion wird durch die einzelnen Reaktionen der Kette jedoch in kleine Portionen aufgeteilt (Abb. 1).
Die Energie der exergonen Redoxreaktionen wird dazu genutzt, Wasserstoffionen vom Plasma der Mitochondrien (Matrix) durch die Membran in den Intermembranraum zu transportieren: Die Proteinkomplexe und die mobilen Chinonmoleküle nehmen Wasserstoffionen aus dem Mitoplasma auf und geben sie in den Intermembranraum ab (Abb. 2). Dadurch wird eine Differenz der Ionenkonzentration zwischen den beiden Seiten der inneren Mitomembran aufgebaut: Energie wird osmotisch sowie mit der Ladung der Wasserstoffionen elektrostatisch gespeichert (→ S. 12).

Atmung ist nicht bei allen Lebewesen an Sauerstoff gebunden. Biochemisch ist Atmung dadurch definiert, dass zur Energieübertragung eine Atmungskette genutzt wird. Anstelle von Sauerstoffmolekülen können manche *Bakterien* Moleküle anderer Stoffe als letzten Elektronenakzeptor nutzen (anaerobe Atmung). Bei manchen Bakterien ist dies Schwefel.

WÖRTER UND BEGRIFFE

Elektronentransport und ATP-Bildung

Frühere Theorien besagten, dass der Elektronentransport zur ATP-Bildung genutzt wird, indem die Elektronen die Energie direkt übertragen. Tatsächlich wird die Energie beim Elektronentransport jedoch zum Transport von Ionen genutzt. Die ATP-Bildung erfolgt erst später. Die Bezeichnung „Elektronentransport-Phosphorylierung" ist daher streng genommen überholt: Sie muss heute chemiosmotische Phosphorylierung heißen (→ S. 32).

AUFGABEN

1 Erläutern Sie, wie Elektronen durch Redox-Reaktionen transportiert werden.
Tipp: Verwenden Sie die allgemeinen Definitionen von *Reduktion* und *Oxidation*.

2 Erklären Sie Gemeinsamkeiten und Unterschiede zwischen Knallgasreaktion und Endoxidation.

3 Erläutern Sie Formen der Energiespeicherung und der Energieübertragung am Beispiel der Atmungskette. Tipp: Beachten Sie Seite 12.

https://www.fr-v.de/1843009-k2-s31/

Der Fluss von Ionen durch eine Membran liefert Energie.

Durch die (exergonen) Redoxreaktionen der Atmungskette werden Wasserstoffionen im Intermembranraum der Mitochondrien angereichert (→ S. 31).

Synthese von ATP

Wasserstoffionen (H_3O^+) können nicht durch die Zellmembranen diffundieren, sondern nur durch Proteinkanäle der Membran ins Mitoplasma zurückströmen.

Solche Kanäle werden von den Proteinkomplexen der ATP-Synthasen gebildet (Abb. 2). Durch das Zurückströmen der Ionen wird die Differenz ihrer Konzentration zwischen Intermembranraum und Mitoplasma abgebaut. Die osmotisch (und elektrostatisch) gespeicherte Energie wird zur Produktion von ATP genutzt und somit im System ATP-Wasser chemisch gespeichert (→ S. 12). Der gesamte Prozess der Energieübertragung durch Elektronen- und Ionentransport sowie der ATP-Bildung wird Chemiosmose genannt.

1: Chemiosmose: Produktion von ATP mit ATP-Synthase aufgrund des Transports von Wasserstoffionen durch die Atmungskette in den Intermembranraum und den Rückstrom von Wasserstoffionen aus dem Intermembranraum ins Mitoplasma

ATP-Ausbeute

- Die Prozesse, die zur ATP-Synthese in der Zellatmung führen, sind (Abb. 2):
- Substratphosphorylierung: Übertragung von Phosphatresten auf ADP-Moleküle in der Glykolyse und (einmal) im Zitronensäurezyklus,
- Chemiosmose:
  - Produktion von Wasserstoffträgern in der Glykolyse, bei der Bildung der Essigsäure und vor allem im Zitronensäurezyklus,
  - Verlagerung von Wasserstoffionen in den Intermembranraum durch die Atmungskette,
  - Rückstrom von Wasserstoffionen durch die Kanäle der ATP-Synthasen.

Wärmeproduktion statt ATP

Bei allen Prozessen der Energieübertragung entsteht neben der gespeicherten Energie Wärme. Durch Wärmefluss wird Energie thermisch übertragen (→ S. 7).

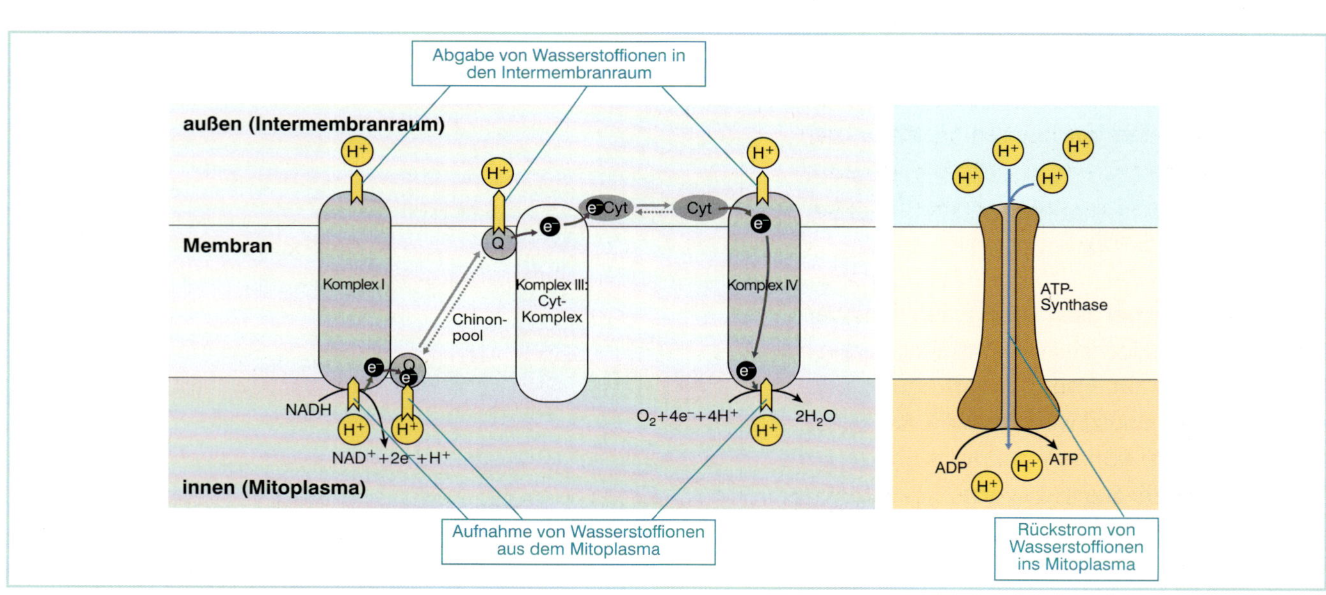

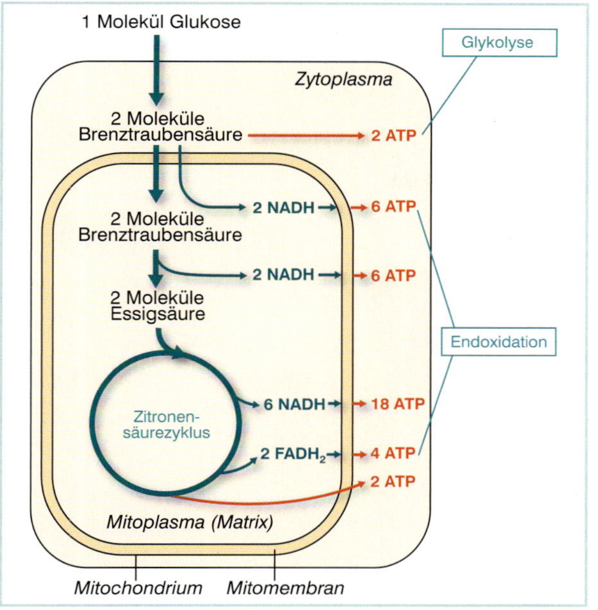

2: Übersicht über die Zellatmung

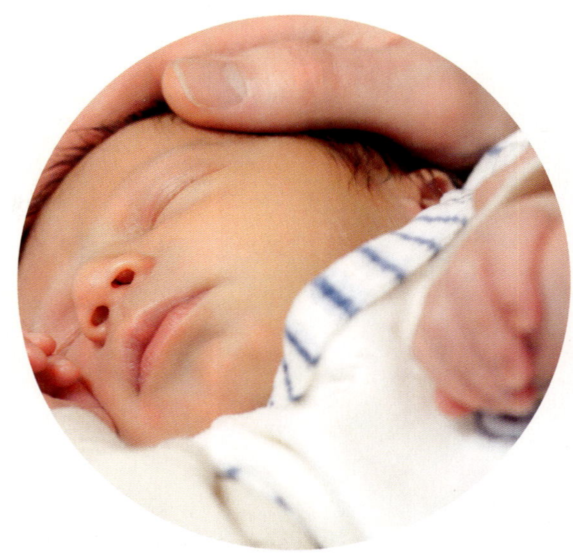

3: Bei Säuglingen ist die Wärmeregulation des Körpers noch nicht voll ausgebildet.

Bei gleichwarmen Organismen dient die thermisch übertragene Energie dazu, die Körpertemperatur auf gleicher Höhe zu halten. Dies erfolgt dadurch, dass Wärmeproduktion und Wärmeabfluss sich die Waage halten, also gleich groß sind. Bei Säuglingen ist – wie bei fast allen neugeborenen Säugetieren – die Wärmeregulation noch nicht gut ausgebildet. Zum Ausgleich von Wärmeverlusten gibt es bei ihnen das Braune Fettgewebe. Die Zellen dieses Gewebes besitzen viele Mitochondrien. Diese enthalten in ihren Membranen neben ATP-Synthasen besondere Protein-Kanäle. Das kanalbildende Protein heißt Thermogenin (griechisch: „Wärmeerzeuger"). Werden diese Kanäle aktiviert, so strömen die Wasserstoffionen statt durch den Kanal der ATP-Synthasen durch die Kanäle des Thermogenins ins Mitoplasma zurück. Dabei wird kein ATP produziert, sondern Wärme.

Während die ATP-Synthasen mit der ATP-Bildung Arbeit leisten (geordnete Bewegung von Materie, Abb. 1, rechts) strömen die Wasserstoffionen aus den Kanälen des Thermogenins ungeordnet ins Mitoplasma und bewirken somit Wärme ( S. 6). Die zuvor in der Differenz der Konzentration von Wasserstoffionen gespeicherte Energie wird in diesem Fall also vollständig thermisch übertragen.

WÖRTER UND BEGRIFFE

Wasserstoffionen / Protonen

In Lehrbüchern wird anstelle der Differenz der Konzentration von Wasserstoffionen meist von „Protonengradienten" gesprochen. Die Proteinkomplexe I, III und IV werden als „Protonenpumpen" bezeichnet. Diese Umschreibungen sind unangemessen: Hier liegen keine Elementarteilchen (Protonen) vor, sondern in Lösung gegangene Wasserstoffionen, die genau genommen als Hydronium- oder Oxoniumionen (H_3O^+) zu bezeichnen sind. Außerdem handelt es sich nicht um eine sich kontinuierlich ändernde Konzentration (Gradient), sondern um einen Konzentrationsunterschied (Differenz).

Die Wirkung der durch ATP-Synthase strömenden Wasserstoffionen wird in Lehrbüchern oft „protonenmotorische Kraft" genannt. Es handelt sich jedoch nicht um eine Kraft, sondern um Energieübertragung.

AUFGABEN

1 Geben Sie das vollständige Reaktionssymbol der ATP-Bildung an.

2 Auf S. 19 sind einige Fragen zur Ernährung und Atmung aufgeführt. Versuchen Sie, diese Fragen so zu beantworten, dass eine Schülerin oder ein Schüler der 10. Klasse die Antworten versteht. Die Seiten dieses Kapitels geben Ihnen Informationen dazu.

https://www.fr-v.de/1843009-k2-s33/

Photosynthesen

3

Was macht das Licht bei der Photosynthese?

Woher kommt der Sauerstoff, den grüne Pflanzen abgeben?

Was geschieht in Pflanzen, wenn es dunkel ist?

Was machen grüne Pflanzen mit Kohlenstoffdioxid?

Für wen produzieren Pflanzen Nährstoffe (wie Zucker, Stärke, Fette und Eiweiße)?

Welche Rolle spielt Chlorophyll für die grünen Pflanzen?

Die Photosynthese der Pflanzen wird von Chloroplasten durchgeführt.

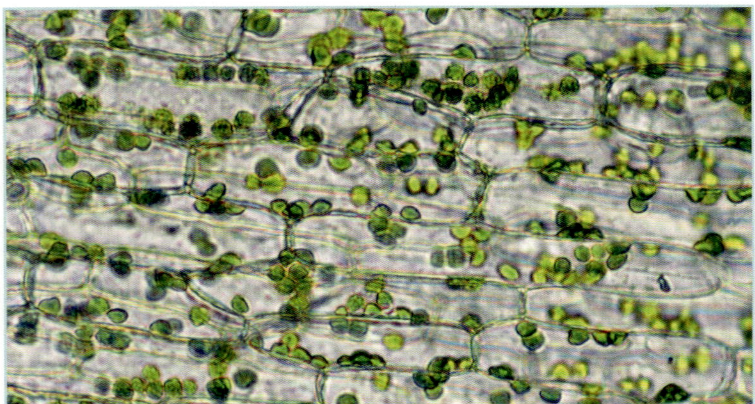

1: Chloroplasten in Pflanzenzellen: Orte der Photosynthese

Pflanzen stellen ihre Nährstoffe selbst her: Sie nutzen dazu die Energie des Lichts: Sie sind photoautotrophe Organismen (→ S. 20). Der Prozess ist die Photosynthese, in der Summe ist sie gegenläufig zur Zellatmung. Werden die Atome des Sauerstoffs bei der Zellatmung sämtlich in Wasser gebunden, so stammen sie bei der Photosynthese der Pflanzen ausschließlich aus den Wassermolekülen. Auf beiden Seiten des Reaktionssymbols müssen daher Wassermoleküle stehen:

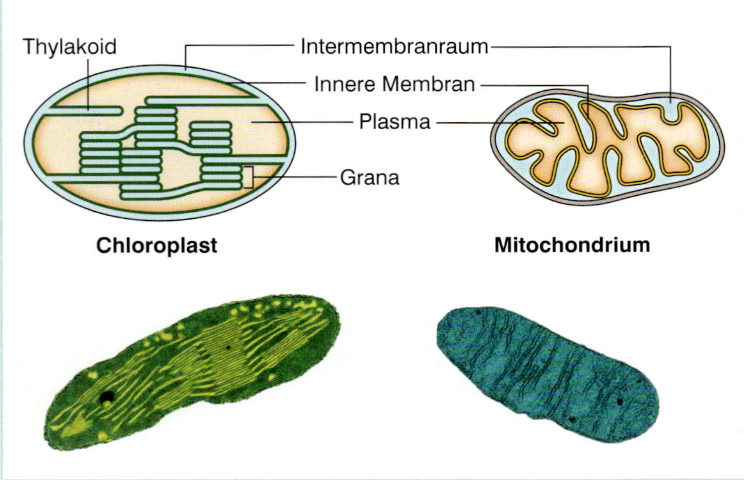

2: Entsprechungen im Bau der Chloroplasten und Mitochondrien, Schemata und elektronenmikroskopische Bilder

$$\text{(1) } C_6H_{12}O_6 + 6\,H_2O + 6\,\mathbf{O}_2 \underset{\text{Photosynthese}}{\overset{\text{Zellatmung}}{\rightleftarrows}} 12\,H_2\mathbf{O} + 6\,CO_2$$

Was bewirkt das Licht?

Das Wort „Photosynthese“ verbindet Licht mit Stoffaufbau. Tatsächlich bewirkt die Photoreaktion (Lichtreaktion) jedoch, dass Moleküle gespalten werden. Das ist plausibel, da nicht das Herstellen, sondern die Spaltung von chemischen Bindungen den Einsatz von Energie erfordert (→ S. 8). Die Spaltung der Moleküle erfolgt jedoch nicht direkt durch das Licht, sondern über Farbstoff-Protein-Komplexe, die Photosysteme genannt werden.

Bei der Photosynthese, wie sie die Pflanzen betreiben, werden mithilfe der Energie des Lichts Wassermoleküle in Sauerstoff-Atome und Wasserstoffatome gespalten. Die Sauerstoffatome bilden molekularen Sauerstoff. Die Wasserstoff-Atome bilden dagegen keinen gasförmigen Wasserstoff (H_2), sondern Wasserstoffionen und Elektronen (→ Reaktionssymbol (2)).
Die Wasserspaltung durch Lichtenergie liefert also freigesetzte Elektronen, die durch Redoxreaktionen weitertransportiert werden (→ S. 39). Da bei dieser Photosynthese molekularer Sauerstoff in Gasform (O_2) freigesetzt wird, heißt sie oxygene (Sauerstoff bildende) Photosynthese. Man könnte sie ebenso gut als Wasser spaltende Photosynthese bezeichnen. *Cyanobakterien* betreiben sie in derselben Weise wie die Pflanzen.

Einige weitere phototrophe Bakterien führen bei ihrer Photosynthese eine einfachere Photoreaktion durch als Pflanzen. Sie spalten Moleküle des Schwefelwasserstoffs. Auch Cyanobakterien

führen diesen Prozess durch, sofern sie von Schwefelwasserstoff umgeben sind.
Bei der Photoreaktion mit Schwefelwasserstoff wird kein Sauerstoff freigesetzt. Daher heißt der gesamte Prozess anoxygene Photosynthese.
Die Bezeichnung („kein Sauerstoff wird freigesetzt") charakterisiert diese Form der Photosynthese nur negativ (sie sagt nur, was nicht passiert). Es ist besser, sie Schwefelwasserstoff spaltende Photosynthese zu nennen.

Wasser spaltende Photoreaktion:
(2) $2\ H_2O \longrightarrow O_2 + 4\ H^+ + 4\ e^-$

Schwefelwasserstoff spaltende Photoreaktion:
(3) $H_2S \longrightarrow S + 2\ H^+ + 2\ e^-$

Die Photoreaktionen der Photosynthesen sind an Photosysteme gebunden, mit denen die Energie des Lichts für endergone Reaktionen genutzt wird. Schwefelwasserstoffmoleküle sind leichter zu spalten als Wassermoleküle. Das liegt daran, dass das größere Schwefelatom die Wasserstoffatome weniger stark bindet als das Sauerstoffatom (Bindungsenergien, → Tabelle 1, S. 10).
Pflanzen und Cyanobakterien besitzen zur Wasserspaltung zwei unterschiedliche Photosysteme (Photosystem I und II). Zur Spaltung von Schwefelwasserstoff benötigen die phototrophen Bakterien nur ein Photosystem (→ S. 38).

Sind Chloroplasten „Chlorophyllkörner"?

Photosynthesen bestehen aus zwei Abschnitten, in denen jeweils eine Reihe chemischer Reaktionen erfolgt: Photoreaktion und Synthesereaktion, mit der Glukose gebildet wird (→ S. 43). Beide Abschnitte finden bei Pflanzen in Chloroplasten (Abb. 1) statt, die somit die Photosynthese vollständig durchführen. Sie erfolgt also ausschließlich in den Teilen einer Pflanze, die durch Chloroplasten grün erscheinen. Die grünen Teile der Pflanze ernähren die bleichen Teile mit.
Chloroplasten sind keine „Farbstoffkörner", sondern hoch strukturierte Körper aus Plastoplasma (Stroma) und inneren Membransystemen, den Thylakoiden. Thylakoide bilden Stapel (Grana) von Membranen mit den dazwischenliegenden Lumen (Innenräume). Die Innenräume der Thylakoide sind eingestülpte Außenwelt: Als ins Innere verlagerter Intermembranraum der Chloroplasten entsprechen sie dem Intermembranraum der Mitochondrien (Abb. 2). Bei beiden Organellen ist in den inneren (eingestülpten) Membranen das Enzym ATP-Synthase eingebettet, das die Bildung von ATP katalysiert.

Der Bau von Chloroplasten und Mitochondrien (Abb. 2) ist *homolog*. Die beiden Organellen sind Abkömmlinge von Bakterien. Chloroplasten stammen von Cyanobakterien ab, die von einer ursprünglichen Zelle aufgenommenen wurden. Mitochondrien stammen von heterotrophen, Sauerstoff atmenden Bakterien ab (*Endosymbiontentheorie*).

Welche Rolle spielt das Chlorophyll?

Häufig wird als Merkmal von grünen Pflanzen nur Chlorophyll herausgestellt. Chlorophylle sind zwar die zentralen Farbstoffe, mit denen Chloroplasten und phototrophe Bakterien Licht einfangen, sie wirken jedoch nicht allein, sondern zusammen mit weiteren Farbstoffen in den Proteinkomplexen der Photosysteme.

WÖRTER UND BEGRIFFE

Photoreaktion / Synthesereaktion
Die beiden Abschnitte der Photosynthesen werden unterschiedlich benannt. Die Wörter „Primärreaktion" und „Sekundärreaktion" geben nur die Reihenfolge von Photoreaktion und Synthesereaktion an. Ein anderes Wort für Photoreaktion ist „Lichtreaktion". Die Synthesereaktion wird ihr gern als „Dunkelreaktion" gegenübergestellt, obwohl sie nicht im Dunkeln stattfindet, da eines der beteiligten Enzyme im Dunkeln nicht aktiv ist. Deshalb ist die Bezeichnung „lichtunabhängige" Reaktion ebenfalls irreleitend.

Photoreaktion und Synthesereaktion sind nicht nur treffende Bezeichnungen, man findet sie auch in den beiden Teilen des zusammengesetzten Wortes Photosynthese wieder und kann sie damit leicht als die beiden Hälften des Gesamtprozesses erkennen.

Photoreaktionen regen Elektronen an und spalten dadurch Moleküle.

Chloroplasten der Pflanzen und phototrophe Bakterien betreiben zwei unterschiedliche Formen der Photosynthese. Manche *Cyanobakterien* führen beide Formen durch.

https://www.fr-v.de/1843009-film2-h2s-spaltende-photoreaktion/

H_2S-spaltende Photoreaktion

Bei der anoxygenen Form der Photosynthese wird Licht durch ein einziges Photosystem eingefangen (Abb. 1 a). Die eingefangene Energie des Lichts regt Elektronen an, sich vom Zentrum zu entfernen.

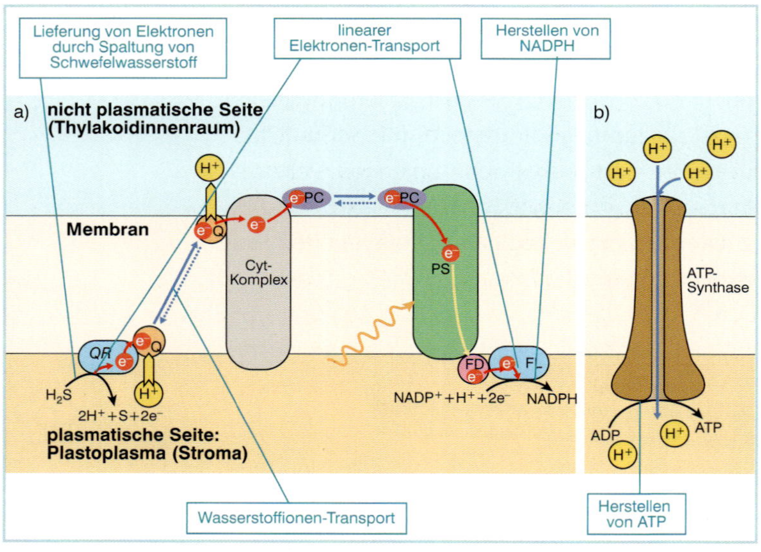

1: a) Die Schwefelwasserstoff spaltende Photosynthese von Bakterien erfolgt mit einem Photosystem (PS).
Sie liefert NADPH und eine Differenz von Wasserstoffionen zwischen beiden Seiten der Membran.
Chl: Chlorophyll, FD: Ferrodoxin, FL: Flavoprotein,
PC: Plastocyanin, Q: Chinon; dünne Pfeile, gelb und rot: Elektronentransport, gelb: lichtabhängige Übertragung von Elektronen; blau: Wärmebewegung mobiler Moleküle; breite gelbe Pfeile: Aufnahme und Abgabe von Wasserstoffionen.

Die Darstellung ist zu einer linearen Anordnung der Photosysteme und Komplexe vereinfacht. Chinonmoleküle schwimmen überall in der Membran (Chinonpool).

b) Der Elektronentransport führt über den Aufbau einer Wasserstoffionendifferenz und Rückstrom der Wasserstoffionen zur Bildung von ATP.

Die Elektronen werden vom Photosystem sofort an Ferrodoxin (FD) weitergegeben, sodass sie nicht im Chlorophyll zurückfallen können (gelber Pfeil in Abb. 1), sondern durch eine Redoxreaktion vom Ferrodoxin an ein Flavoprotein (FL) weitergereicht werden.

Vom Flavoprotein nimmt ein $NADP^+$-Ion (**N**icotin-**A**mid-**D**inukleotid-**P**hosphat) zusammen mit zwei Elektronen ein Wasserstoffion auf, sodass ein Molekül des Wasserstoffträgers NADPH entsteht. Durch die Bildung von NADPH werden also Elektronen gebunden.

Am Photosystem ist durch die an das Ferrodoxin abgeführten Elektronen eine Elektronenlücke entstanden. Dadurch herrscht entlang der Thylakoidmembran eine elektrische Spannung. Mit dieser Spannung wird am Molekül des Enzyms QR (**Q**uinon-**R**eduktase) ein Schwefelwasserstoffmolekül gespalten:

(1) $H_2S \longrightarrow 2\,H^+ + S + 2\,e^-$

Die dabei abgegebenen Elektronen werden auf ein Chinonmolekül (Q) übertragen.

Der daran anschließende Elektronentransport erfolgt ähnlich wie bei der Atmungskette: Elektronen sind Nichtschwimmer: Sie bewegen sich nicht selbständig durch die Membran, sondern werden durch eine Abfolge von Redoxreaktionen in der Membran transportiert. Die transportierenden Moleküle bilden so eine Elektronentransportkette. Wie in der Atmungskette werden die Elektronen dabei zuerst an mobile Moleküle in der Membran, die Chinonmoleküle, weitergegeben (*Flüssig-Mosaik-Modell*).

Die Chinonmoleküle transportieren nicht nur Elektronen, sondern auch Wasserstoffionen.

Die Wasserstoffionen transportieren sie aus dem Plasma durch die Membran in den Thylakoid-Innenraum. Dies ist die Voraussetzung für die Herstellung von ATP.

Die Elektronen werden von den Chinonmolekülen zum Protein-Cytochrom-Komplex (Cyt-Komplex) transportiert. Der Protein-Cytochrom-Komplex übergibt sie an mobile Plastocyaninmoleküle (PC), die wie ein Shuttle zwischen dem Komplex und dem Photosystem hin und her schwimmen und dabei Elektronen an das Photosystem liefern. So wird dort die Elektronenlücke geschlossen. Eine neue Photoreaktion kann starten.
Da der Elektronentransport von der Spaltung des Schwefelwasserstoffmoleküls (Lieferung von Elektronen) bis zur Bildung von NADPH (Verbrauch der Elektronen) in eine Richtung verläuft, spricht man von einem linearen Elektronentransport.
Durch die anoxygene Photoreaktion wird sichtbar Schwefel freigesetzt. In Analogie dazu folgerte man, dass der Sauerstoff, der bei der oxygenen Photosynthese freigesetzt wird, aus dem Wasser stammt und nicht aus dem Kohlenstoffdioxid, wie man lange Jahre zuvor annahm.

H_2O-spaltende Photoreaktion

Wassermoleküle sind schwerer zu spalten als Moleküle des Schwefelwasserstoffs. In der oxygenen Photosynthese werden zur Spaltung von Wassermolekülen zwei Photosysteme eingesetzt. Die Elektronenlücken beider Photosysteme wirken dabei zusammen (→ S. 40).
Die am Photosystem II angeregten Elektronen werden auf Chinonmoleküle übertragen. Die Elektronenlücke wird durch die Spaltung von Wassermolekülen aufgefüllt.
(2) $2\ H_2O \longrightarrow 4\ H^+ + O_2 + 4\ e^-$
Der folgende Elektronentransport erfolgt auf dem schon bekannten Weg zum Photosystem I.
Das Photosystem I ist dasjenige Photosystem, das von Cyanobakterien bei der anoxygenen Photosynthese eingesetzt wird. Es regt mit der Energie des Lichts die Elektronen an, die – auf dem ebenfalls schon bekannten Weg – an Ferrodoxin und das NADPH bildende Enzym Flavoprotein (FL) weitergeleitet werden.

Vergleich der Photoreaktionen

Beide Photoreaktionen bewirken die Spaltung von Molekülen eines Stoffes, der Elektronen

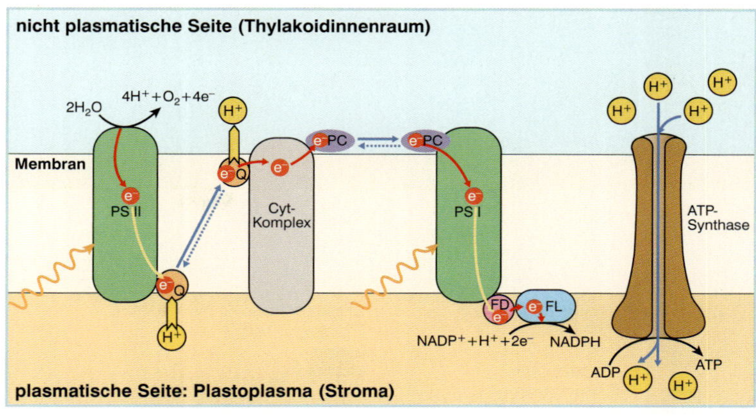

2: Wasser spaltende Photoreaktion (Erläuterung der Symbole s. Abb. 1)

https://www.fr-v.de/1843009-film3-h2o-spaltende-photoreaktion/

liefert (1) (2). In der Folge werden NADPH und ATP hergestellt, die in der Synthesereaktion verwendet werden (→ S. 43).
Die oxygene Photosynthese ist zusammen mit der Zellatmung der häufigste und wichtigste biochemische Prozess auf der Erde. Warum hat sich die Form der Photosynthese mit zwei Photosystemen gegenüber der einfachen so erfolgreich durchgesetzt? Die anoxygene Photosynthese ist an die Anwesenheit von Schwefelwasserstoff gebunden und damit an die „Schwefelwelt“, in der die ersten Lebewesen wahrscheinlich entstanden sind. Wasser ist im Gegensatz zu Schwefelwasserstoff fast überall unbegrenzt verfügbar. So konnten Lebewesen mit der oxygenen Photosynthese die Atmosphäre der Erde umgestalten (→ S. 46).

AUFGABEN

1. Vergleichen Sie anhand Abb. 1 und 2 Gemeinsamkeiten und Unterschiede der Photosynthesen.
2. Vergleichen Sie den Elektronentransport beider Reaktionen mit dem der Atmungskette. Was fällt Ihnen auf?
3. Cyanobakterien besitzen wie Pflanzen zwei Photosysteme. Erklären Sie, unter welchen Bedingungen sie dennoch anoxygene Photosynthese durchführen.

https://www.fr-v.de/1843009-k3-s39/

Zwei Photosysteme leisten mehr als eins.

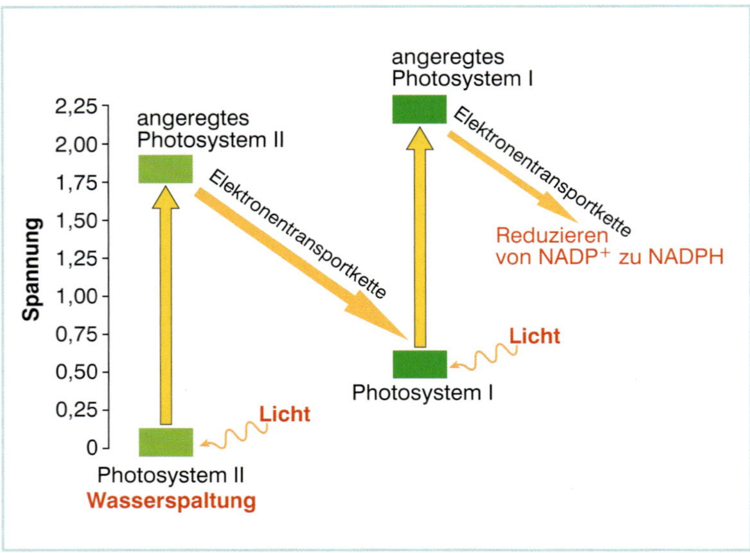

1: Zusammenwirken der beiden Photosysteme bei Wasserspaltung und Elektronentransport. Die Anordnung der Teile ist nicht räumlich, sondern energetisch: Die Skala links gibt die erreichte Spannung gegenüber einem nicht angeregten Photosystem II in Volt an. Das Diagramm wird auch als „Z-Schema" bezeichnet.

Photosynthese ist auch mit nur einem Photosystem möglich. Allerdings können damit nur Schwefelwasserstoffmoleküle mit ihren leicht zu trennenden S–H-Bindungen gespalten werden.

AUFGABEN

1 Beschreiben Sie, wie die beiden Photosysteme bei der Spaltung von Wassermolekülen zusammenwirken.

2 Erörtern Sie, ob sich die Stärke der Anregung der Elektronen bei oxygener und anoxygener Photosynthese unterscheidet.

3 Vergleichen Sie Abbildung 1 mit Abbildung 2 auf S. 39. Ordnen Sie die in den beiden Diagrammen dargestellten Prozesse einander zu.

https://www.fr-v.de/1843009-k3-s40/

Spaltung von Wassermolekülen

Die O–H-Bindungen des Wassermoleküls sind hingegen viel schwerer zu knacken und Elektronen daher schwerer anzuregen. Dazu werden die beiden Photosysteme der oxygenen Photosynthese gebraucht. Um die Prozesse zu verfolgen (Abb. 1), muss man beide Photosysteme zugleich betrachten. Die Aufnahme von Licht versetzt sie beide in einen angeregten Zustand: Elektronen des Chlorophylls beider Systeme werden energetisch angehoben.

Erhöhte Spannung

Die beiden angeregten Photosysteme erzielen zusammen eine Spannung gegenüber dem nicht angeregten Photosystem II (2,23 V), mit der Wassermoleküle gespalten werden können. Es werden am Photosystem II gleichzeitig zwei Wassermoleküle (vier Bindungen) gespalten, sodass pro Spaltungsakt vier Elektronen angeregt und in die Elektronentransportkette aufgenommen werden (→ S. 41). Die beiden Photosysteme leisten also zusammen doppelt so viel wie ein Photosystem.

Elektronentransport

Die Elektronen werden durch Redoxreaktionen zum Photosystem I transportiert, in dem durch die Anregung eine Elektronenlücke entstanden war.

Durch den Elektronentransport zum Photosystem I werden Wasserstoffionen in den Thylakoid-Innenraum verlagert. Die entstehende Differenz der Wasserstoffionen wird zur ATP-Bildung genutzt.
Die im Photosystem I angeregten Elektronen werden weiter transportiert und zur Bildung von NADPH verwendet.

Zwei Wassermoleküle werden gleichzeitig gespalten.

Zur Spaltung der Wassermoleküle bei der oxygenen Photoreaktion muss nicht nur mehr Energie aufgewendet werden, die Spaltung der Wassermoleküle ist auch komplizierter als die von Schwefelwasserstoffmolekülen.

Mangankomplex

Die Spaltung der Wassermoleküle erfolgt an einem Komplex aus vier Manganionen. Dieser Komplex gehört zu einem Enzym, das im Laufe der Evolution in das Photosystem II integriert wurde.
An den Mangankomplex lagern sich vor jedem Spaltungsprozess zwei Wassermoleküle an.
Durch die Energie des Lichts, die vom Photosystem aufgenommen wird, werden nacheinander vier Elektronen aus dem Komplex abgeführt. Im dadurch entstandenen vierfach oxidierten Zustand entreißt der Mangankomplex den beiden Wassermolekülen gleichzeitig je zwei Elektronen, sodass beide Moleküle auf einen Schlag gespalten werden. Erst nachdem sich dann das Sauerstoffmolekül gebildet hat, werden die Reaktionsprodukte vom Mangankomplex entlassen:

(1) $2\ H_2O - 4\ e^- \longrightarrow 4\ H^+ + O_2$

Vermeidung von Sauerstoffradikalen

Nach der Spaltung der Wassermoleküle werden die beiden Sauerstoffradikale ($O^\bullet$) bis zur Bildung des Sauerstoffmoleküls (O_2) festgehalten. Dies hat eine wichtige biologische Funktion: Würden die Sauerstoffradikale frei, so würden sie sofort mit Molekülen ihrer Umgebung reagieren und u. a. Pigmente des Photosystems zerstören.

Freisetzung von Sauerstoff

In der Erdgeschichte konnte Sauerstoff in der Erdatmosphäre angereichert werden, weil die oxygene Photosynthese zeitweise die Zellatmung überwog (→ S. 46).

ANSICHTEN UND EINSICHTEN

Sauerstoff

In vielen Lehrbüchern wird das Reaktionssymbol der Wasserspaltung nicht wie in (1), sondern nur mit einem Wassermolekül geschrieben, mit dem Resultat 1/2 O_2. Diese Darstellung ist zweifach irreleitend:

- Ein halbes Molekül gibt es nicht,
- die Reaktion läuft nicht mit einem, sondern dank des Mangankomplexes mit zwei Molekülen Wasser ab.

Es wird oft behauptet, Sauerstoff sei ein „Abfallprodukt“ der Photosynthese. Tatsächlich ist der Sauerstoff jedoch für die Sauerstoff atmenden Organismen – also auch für Pflanzen – nötig, um die durch Photosynthese hergestellten Nährstoffe energetisch ergiebig nutzen zu können (→ S. 25). Die photosynthetisch genutzte Energie ist nicht in den Nährstoffen selbst, sondern im System Nährstoffe-Sauerstoff gespeichert (→ S. 10).

Oft wird angenommen, dass Pflanzen Kohlenstoffdioxid in Sauerstoff umwandeln, den die Pflanzen ausatmen. Tatsächlich nehmen Pflanzen jedoch sowohl Sauerstoff wie auch Kohlenstoffdioxid auf (→ S. 20). Den Sauerstoff brauchen sie zur Zellatmung und das Kohlenstoffdioxid zur Photosynthese.
Kohlenstoffdioxid wird von den Pflanzen also nicht in Sauerstoff umgewandelt, der Sauerstoff wird vielmehr aus Wasser freigesetzt.
Wie wir, atmen Pflanzen Sauerstoff ein und Kohlenstoffdioxid aus. Im Licht überwiegt jedoch die Photosynthese die Zellatmung, sodass Pflanzen in der Bilanz Sauerstoff abgeben und Kohlenstoffdioxid aufnehmen.

AUFGABEN

1. **Erläutern Sie die Zusammenhänge, die zeigen, dass Sauerstoff kein Abfallprodukt der Photosynthese ist.**
2. **Begründen Sie die Annahme, dass die oxygene Photosynthese in der Evolution nach der anoxygenen entstanden ist.**

https://www.fr-v.de/1843009-k3-s41/

Photoreaktionen speichern Energie.

Um den energetischen Aspekt der Photoreaktionen zu erfassen, muss man feststellen, welche Teilreaktionen endergon und welche exergon sind.

Übertragung von Elektronen

Endergone Reaktionen bei den Photoreaktionen der oxygenen Photosynthese sind

- am Photosystem I die Reduktion des Ferrodoxins (FD) durch Übertragung der durch Licht angeregten Elektronen vom Photosystem I (1),
- am Photosystem II die Reduktion von Chinon durch Übertragung der durch Licht angeregten Elektronen (2),
- die Spaltung der Wassermoleküle: Elektronen werden abgegeben und mit ihnen die Elektronenlücken geschlossen (3).

(1) $FD + 2\,e^- \xrightarrow{\text{Licht}} FD^{2-}$

(2) $Q + 2\,e^- \xrightarrow{\text{Licht}} Q^{2-}$

(3) $2\,H_2O \longrightarrow 4\,H^+ + 4\,e^- + O_2$

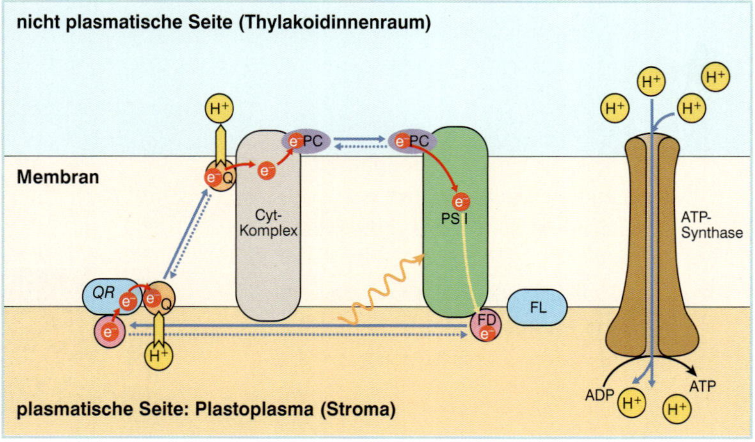

nicht plasmatische Seite (Thylakoidinnenraum)
Membran
plasmatische Seite: Plastoplasma (Stroma)
QR
Q
PC
Cyt-Komplex
PS I
FD
FL
ATP-Synthase
ADP
ATP
H^+
e^-

1: Zyklischer Elektronentransport: Der zusätzliche Transport von Wasserstoffionen wird zur vermehrten Bildung von ATP genutzt. (QR: Chinon reduzierendes Enzym)

Für die beiden endergonen Reaktionen (1) und (2) wird die Energie des Lichts genutzt. Es entstehen dadurch Elektronenlücken an Photosystem I und II. Sie liefern die Spannung zur Spaltung der beiden Wassermoleküle.
Die darauf folgenden Reaktionen der Elektronentransportketten sind – wie in der Atmungskette – exergon.

Herstellen von NADPH

NADPH wird beim linearen Elektronentransport gebildet (→ S. 38, Abb. 1a). Dadurch werden die bis hierhin transportierten Elektronen gebunden. Da NADPH die aufgenommenen Elektronen leicht wieder abgibt, wird es in der Synthesereaktion als Reduktionsmittel genutzt (→ S. 43).

Herstellen von ATP

Die ATP-Bildung erfolgt wie bei der Atmungskette. Die Wasserstoffionen strömen gemäß der Konzentrationsdifferenz durch den Kanal der ATP-Synthase ins Plasma zurück (→ S. 38, Abb. 1 b). Die Energie wird auf diese Weise chemisch im ATP-Wasser-System gespeichert (→ S. 22). Sie wird in der Synthesereaktion genutzt.

Zyklischer Elektronentransport

Die Synthesereaktion benötigt mehr ATP als NADPH (→ S. 43). Die Bildung von weiterem ATP wird von einem zusätzlichen Elektronen- und Ionentransport bewirkt: Dazu werden die Elekronen vom Photosystem I an Ferrodoxin übertragen. Die Ferrodoxinmoleküle sind mobil. Sie transportieren die Elektronen zum QR-Enzym, das sie an Chinonmoleküle abgibt. Auf dem bekannten Weg werden sie vom Cytochromkomplex zum Photosystem I zurücktransportiert: Das ist der zyklische Elektronentransport. In ihm werden dieselben Elektronen mehrfach verwendet.

Mit Nährstoffen entsteht ein träges chemisches System.

In der Synthesereaktion wird der Nährstoff Glukose hergestellt. Damit wird die Energie im System Sauerstoff-Glukose chemisch gespeichert. Dieses System ist träge (metastabil): Die Aktivierungsenergie ist groß genug, dass Glukose sich mit dem Luftsauerstoff nicht selbst entzündet.

Wäre das System ATP-Wasser ähnlich träge, dann wäre das Herstellen von Nährstoffen energetisch ein aufwändiger Umweg: ATP könnte dann wie Stärke gespeichert werden und müsste in der Zellatmung nicht ständig neu gebildet werden.

Calvin-Benson-Zyklus

Die Synthesereaktion findet im Plasma (Stroma) der Chloroplasten statt. Es ist ein Kreisprozess, der nach seinen Entdeckern Calvin-Benson-Zyklus heißt (Abb. 1). Er hat drei Phasen:

- Fixierung des Kohlenstoffdioxids (Carboxylierung), Akzeptor ist das Ribulosebiphosphat.
- Reduktion der Glyzerinsäure zum Glyzerinaldehyd und Kondensation des Aldehyds zu Glukose.
- Regeneration des Ribulosebiphosphats.

Das in der Photoreaktion gebildete ATP wird für die Phasen Reduktion und Regeneration energetisch genutzt. NADPH dient als Reduktionsmittel.

Ergebnis der Photosynthese

Die Photoreaktion und Synthesereaktion bilden eine Einheit (Abb. 2).

Photoreaktion:

$$(1)\ 12\ H_2O \xrightarrow{\text{Licht}} 24\ H^+ + 24\ e^- + 6\ O_2$$

Synthesereaktion:

$$(2)\ 24\ [H] + 6\ CO_2 \xrightarrow{\text{ATP} \rightarrow \text{ADP}} C_6H_{12}O_6 + 6\ H_2O$$

Es ergibt sich das Reaktionssymbol:

$$(3)\ 12\ H_2O + 6\ CO_2 \longrightarrow C_6H_{12}O_6 + 6\ O_2 + 6\ H_2O$$

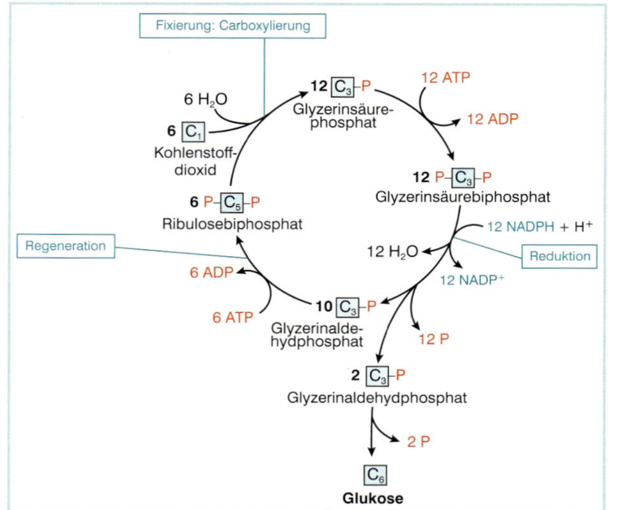

1: Calvin-Benson-Zyklus

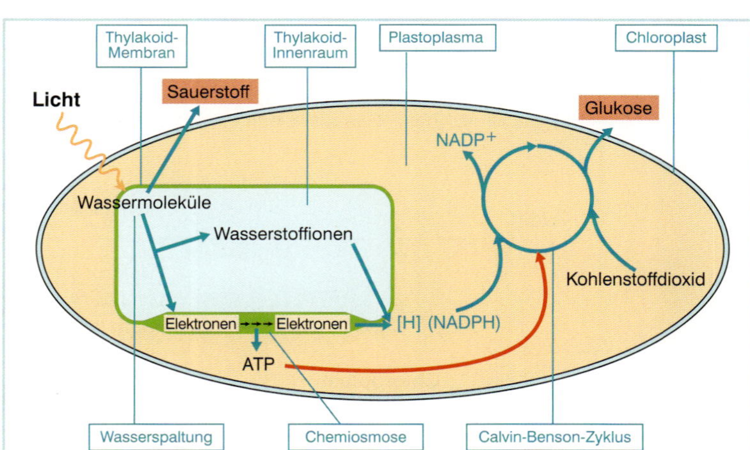

2: Zusammenhang von Photoreaktion und Synthesereaktion

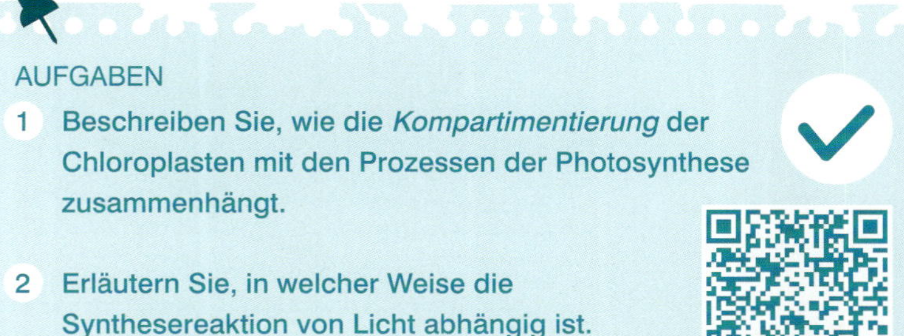

AUFGABEN

1 Beschreiben Sie, wie die *Kompartimentierung* der Chloroplasten mit den Prozessen der Photosynthese zusammenhängt.

2 Erläutern Sie, in welcher Weise die Synthesereaktion von Licht abhängig ist.

https://www.fr-v.de/1843009-k3-s43/

Durch Organismen fließt Energie hindurch.

Photosynthese und Zellatmung sind stofflich und energetisch gegenläufige Prozesse, die beide in Pflanzen stattfinden.

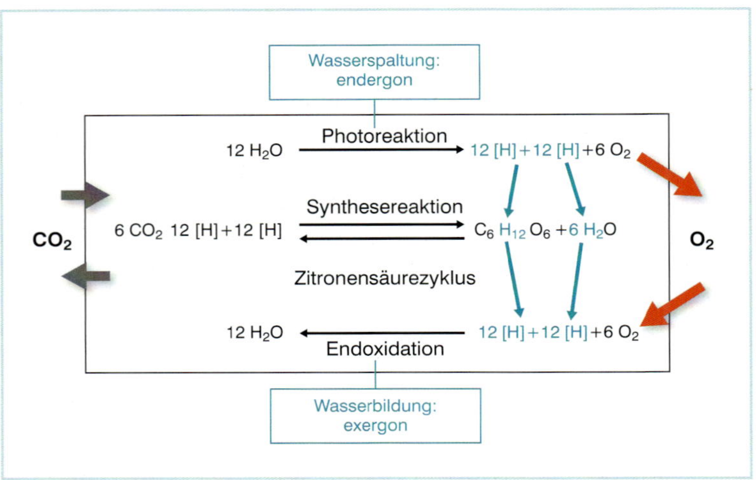

1: Wasser spaltende Photosynthese und Zellatmung. Der Weg der Wasserstoffatome ist blau markiert. Breite Pfeile: Gasaustausch mit der Umgebung

Photosynthese und Zellatmung

Die beiden grundlegenden Prozesse der Energienutzung von Organismen sind mit Wasserspaltung bzw. Wasserbildung verknüpft (Abb. 1). Wasserspaltung erfordert, Wasserbildung liefert Energie (→ S. 8 – 11).

Die Abbildung 1 zeigt, dass der freigesetzte Sauerstoff kein Abfallprodukt ist. Im System Nährstoffe – Sauerstoff ist die Energie chemisch gespeichert. Der Sauerstoff wird energetisch genutzt.

Man beachte: Die exergonen und die endergonen Prozesse beruhen zum großen Teil auf denselben chemischen Prozessen, nur verlaufen sie in umgekehrter Richtung. Enzyme katalysieren chemische Reaktionen grundsätzlich in beide Richtungen: Photosynthese und Zellatmung mussten also nicht unabhängig voneinander, sondern konnten gleichzeitig entstehen.

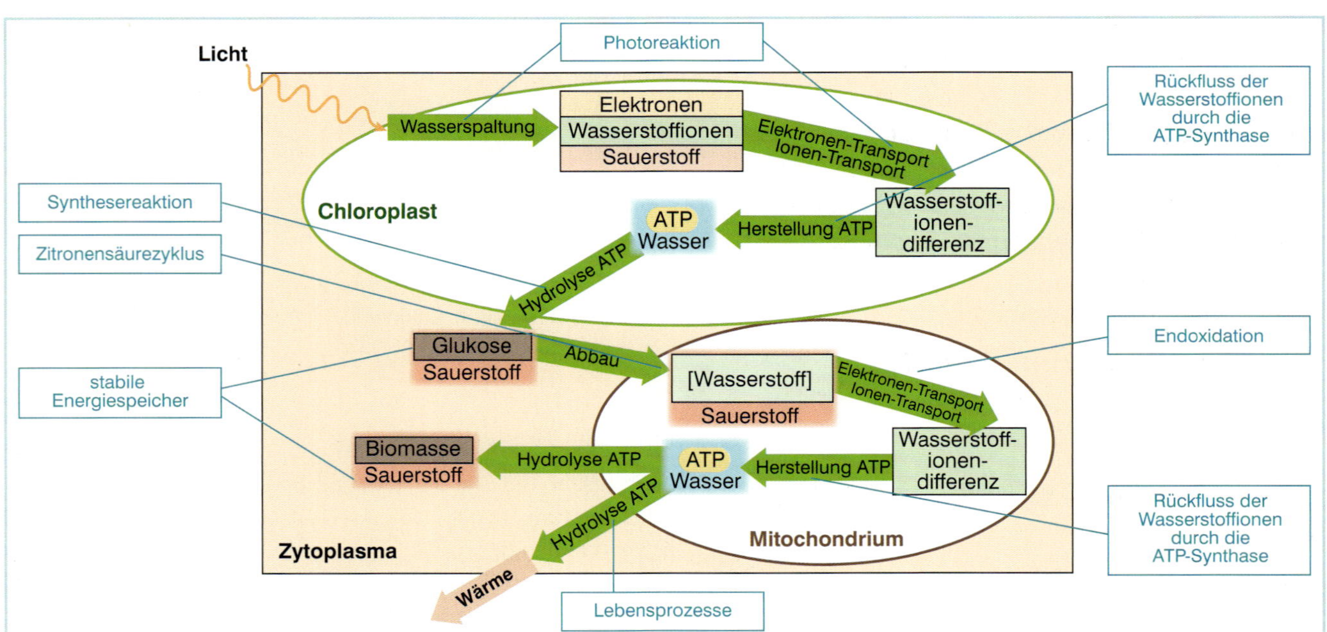

2: Energiefluss und Energiespeicher bei einer photosynthetisch aktiven Pflanzenzelle. Pfeile: Energiefluss, Kästen: Energiespeicher, Teile ohne Rahmen: Reaktionspartner ist als Medium vorhanden. Die Energie für Lebensprozesse wird vollständig durch Wärmefluss abgeführt. Im Organismus verbleibt die im System Biomasse–Sauerstoff gespeicherte Energie.

Bei Photosynthese und Zellatmung verläuft z. B. der Transport von Elektronen mittels Redoxreaktionen gemeinsam. Mit dem Elektronentransport wird die Energie bei beiden chemisch und osmotisch übertragen und schließlich im ATP-Wasser-System chemisch gespeichert.

Speicher-Fluss-Modell

Der Fluss der Energie durch eine photosynthetisch aktive Pflanzenzelle lässt sich als energetisches Speicher-Fluss-Modell darstellen (Abb. 2). Energiespeicher sind chemische Systeme, die zu exergonen Reaktionen fähig sind (z. B. Hydrolyse von ATP, biologische Oxidation von Nährstoffen). Energieflüsse sind durch Übertragen von Energie gekennzeichnet. Die Übertragung kann radiatorisch, chemisch, osmotisch und elektrostatisch sowie thermisch sein. Als Speicher wird Energie nur bereitgestellt, energetisch nutzbar sind ausschließlich Energieflüsse (→ S. 12).

Energetisch offenes System

Lebewesen sind auf den Durchfluss von Energie angewiesen. Sie können keine Energie produzieren oder verbrauchen. Vielmehr nehmen sie Energie auf und geben sie ab: Organismen nutzen den Energiefluss: Sie sind energetisch offene Systeme (Abb. 3). Energetisch offene Systeme sind Durchflusssysteme: Aufnahme und Abgabe von Energie bedeuten, dass ihr Energiegehalt zunehmen, gleichbleiben oder abnehmen kann. Nur im energetisch geschlossenen System (offenes System und Umgebung) bleibt die Energiemenge erhalten.

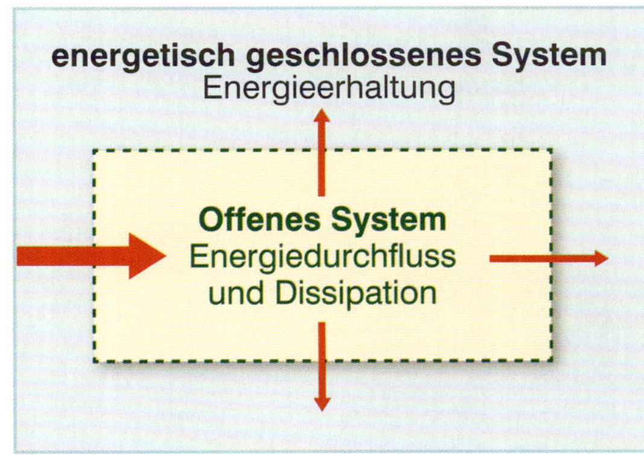

3: Energetisch offenes Sytem

Ein Teil der Energie wird bei allen Prozessen thermisch übertragen. Daher erfolgt bei offenen Systemen stets ein Wärmefluss aus dem System. Er geht in alle Richtungen: Dissipation (→ S. 59). Im System verbleibt – als gespeicherte Energie – nur ein Bruchteil.

WÖRTER UND BEGRIFFE

Offene und geschlossene Systeme

Als System wird eine Gesamtheit aus Dingen (Elementen) und deren Beziehungen (Relationen) zueinander bezeichnet. Ein System kann mit seinen Elementen und Relationen nur dann beschrieben werden, wenn Systemgrenzen festgelegt werden, die das System von der Umgebung abheben.
Wenn Systeme mit ihrer Umgebung Energie austauschen, sind sie energetisch offene Systeme. Systeme, bei denen kein Austausch von Energie stattfindet, sind energetisch geschlossene Systeme.
Wenn Systeme mit ihrer Umgebung Stoffe austauschen, sind sie materiell offen, andernfalls sind sie materiell geschlossen.

In der Allgemeinen Systemtheorie beziehen sich die Bezeichnungen „offen" und „geschlossen" nur auf den Austausch von Materie. Ein nur energetisch offenes System heißt in der Allgemeinen Systemtheorie „geschlossen". Systeme, die weder Materie noch Energie mit der Umgebung austauschen, werden dann als „abgeschlossene" Systeme bezeichnet. Der Unterschied zwischen „geschlossen" und „abgeschlossen" ist vom Wortsinn her nicht zu erkennen. Es ist deshalb besser, wenn man angibt, in welcher Hinsicht ein System offen oder geschlossen ist.

Außer auf Materie und Energie, können diese Eigenschaften eines Systems auch auf Entropie bezogen angewendet werden (→ S. 58).

AUFGABEN

1. Erörtern Sie, ob das Prinzip der Erhaltung der Energie bei energetisch offenen Systeme angewendet werden kann.
2. Geben Sie alle in Abbildung 2 eingezeichneten Energiespeicher an und erläutern Sie, in welchen Eigenschaften sich diese unterscheiden.
3. Organismen sind sowohl materiell wie auch energetisch offene Systeme. Erklären Sie diese Aussage mit den zum Leben notwendigen Prozessen. Prüfen Sie, ob es Ausnahmen von diesem Grundsatz geben kann.

https://www.fr-v.de/1843009-k3-s45/

In der Erdgeschichte wurde Sauerstoff in Gewässer und Atmosphäre freigesetzt.

1: Bioplanet Erde

Die Uratmosphäre der Erde bestand zu über 95 % aus Kohlenstoffdioxid und enthielt keinen Sauerstoff.

Freisetzung des Sauerstoffs

Der Sauerstoff in der Atmosphäre (heute 21 %) wurde von *Cyanobakterien* und später durch Algen und Landpflanzen freigesetzt.

Das ist erstaunlich: Wenn man das Reaktionssymbol (1) von rechts nach links liest, dann wird der durch Photosynthese freigesetzte Sauerstoff durch Zellatmung wieder gebunden.

$$(1)\ 6\ CO_2 + 12\ H_2O \underset{\text{Zellatmung}}{\overset{\text{Photosynthese}}{\rightleftarrows}} C_6H_{12}O_6 + 6\ H_2O + 6\ O_2$$

Wenn also die gesamte produzierte Biomasse in der Zellatmung umgesetzt wird, dann bleibt kein freigesetzter Sauerstoff mehr übrig. Das ist

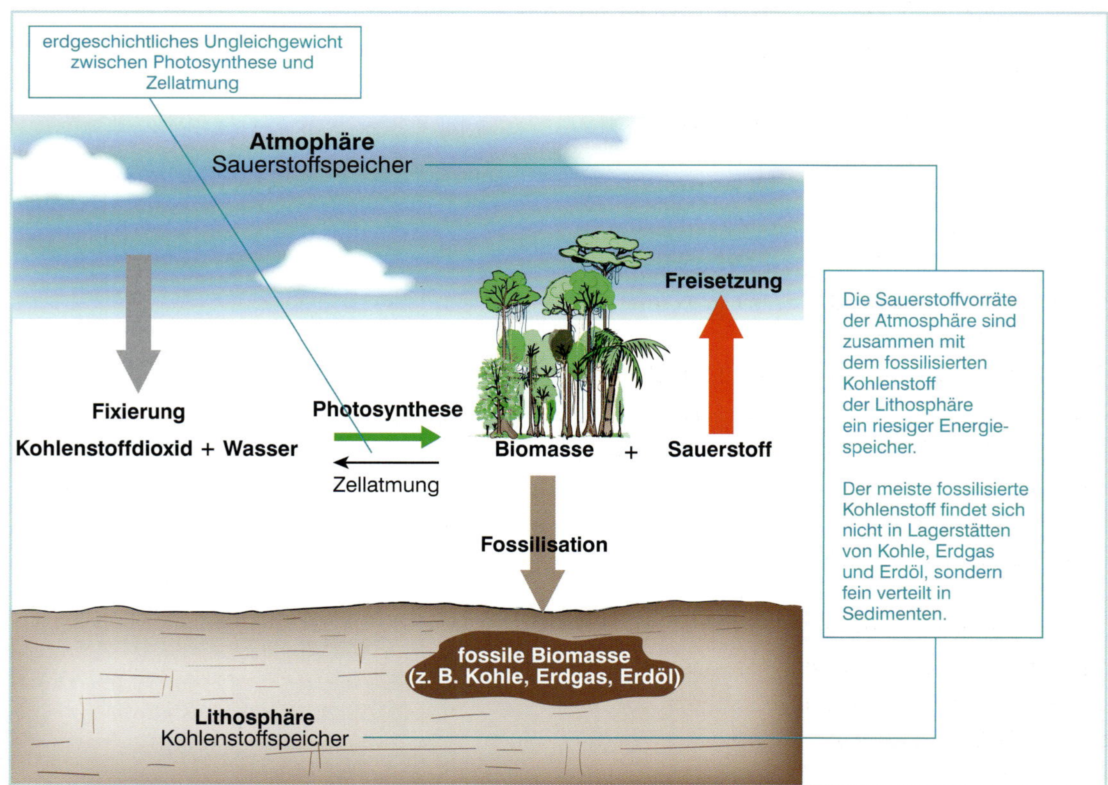

2: Anreicherung von Sauerstoff in der Atmosphäre

beispielsweise der Fall, wenn ein abgestorbener Baum von Pilzen und Bakterien zersetzt oder durch einen Waldbrand zu Wasser und Kohlenstoffdioxid umgesetzt wird. Der in seinem Leben vom Baum freigesetzte Sauerstoff wurde so vollständig gebunden: zum Teil von ihm selbst, zum anderen Teil durch Zellatmung der Zersetzer (Destruenten) oder durch Verbrennen.

Dauerhaft konnte Sauerstoff daher nur freigesetzt bleiben, wenn ein entsprechender Teil der Biomasse fossilisiert wurde. Dadurch wurde verhindert, dass die Biomasse von Organismen verwertet, d. h. in der Zellatmung umgesetzt und dabei Sauerstoff gebunden wurde. Durch Fossilisation wurde die Biomasse also aus dem Kreislauf von Zellatmung und Photosynthese entfernt (Abb. 2).

Energiespeicher

Von dem Sauerstoff, den Cyanobakterien, Algen und Landpflanzen in der Erdgeschichte freisetzten, gelangten nur etwa 4 % in die Atmosphäre. Die übrigen 96 % wurden zuvor im Wasser der Ozeane gelöst und bei der *Oxidation* von Gesteinen in der Lithosphäre gebunden.

Es sind also nicht die heutigen Pflanzen, die uns den Sauerstoff liefern. Freisetzung des Sauerstoffs und sein Verbrauch halten sich gegenwärtig die Waage. Die gegenwärtige Freisetzung von Sauerstoff durch oxygene Photosynthese bedeutet also nur, dass der Sauerstoffvorrat der Atmosphäre nicht abnimmt.
Die Verfügbarkeit von Sauerstoff bedeutet, dass Biomasse energetisch effektiv genutzt werden kann. Sauerstoff und Biomasse bilden zusammen den Energiespeicher, der sowohl in der Zellatmung von Lebewesen sowie beim Verbrennen fossiler Biomasse genutzt wird.

Mit dem Einfangen der Sonnenergie und der dadurch möglichen Lebensprozesse wurde der Planet Erde in der Erdgeschichte umgestaltet. Er kann daher als Bioplanet bezeichnet werden.

ANSICHTEN UND EINSICHTEN

Grundlage des Lebens

In manchen Büchern liest man, dass die grünen Pflanzen die Grundlage des Lebens auf der Erde sind, weil sie den Sauerstoff für die übrigen Lebewesen liefern.
Diese Ansicht trifft nicht zu. Der Sauerstoffvorrat der Atmosphäre würde viele Zehntausende Jahre auch dann für alle Lebewesen reichen, wenn es ab heute keine grünen Pflanzen mehr gäbe.

Aber die Nahrung, die die Pflanzen mit ihren Körpern und Nährstoffvorräten produzieren, würde den Tieren und Menschen schnell ausgehen. Ohne Pflanzen würden wir also nicht ersticken, sondern verhungern.

Nicht alle Lebewesen hängen jedoch von Pflanzen ab. Neben den phototrophen *Bakterien* brauchen auch einige andere Bakterien sowie *Archeen* weder den Sauerstoff von Pflanzen noch deren Nährstoffe: Sie stellen Nährstoffe ohne Photoreaktion her. Statt der Lichtenergie nutzen sie die Energie von exergonen Reaktionen anorganischer Stoffe zum Aufbau einer Differenz von Wasserstoffionen und zur Herstellung von Reduktionsmitteln. Eine Synthesereaktion schließt sich an. Der Prozess heißt Chemosynthese.

Chemosynthetisch autotrophe *Mikroben* leben z. B. im Boden, in Gesteinen und in den Sedimenten der Tiefsee. Man schätzt, dass diese Ökosysteme, *Tiefe Biosphäre* genannt, noch einmal dieselbe Masse an Lebewesen enthalten wie die Biosphäre der Erdoberfläche.

AUFGABEN

1. **Begründen Sie, ob man fossile Brennstoffe als „Energieträger“ bezeichnen sollte oder nicht.**
2. **Der Biologe James Lovelock behauptet, dass Regenwälder zur Sauerstofffreisetzung in die Atmosphäre nicht viel beitragen. Erörtern Sie, wie er zu dieser Ansicht kommen kann.**
3. **Auf S. 35 stehen einige Fragen. Versuchen Sie, diese Fragen so zu beantworten, dass eine Schülerin oder ein Schüler der 10. Klasse Ihre Antworten versteht. Die Seiten dieses Kapitels geben Ihnen dazu Informationen.**

https://www.fr-v.de/1843009-k3-s47/

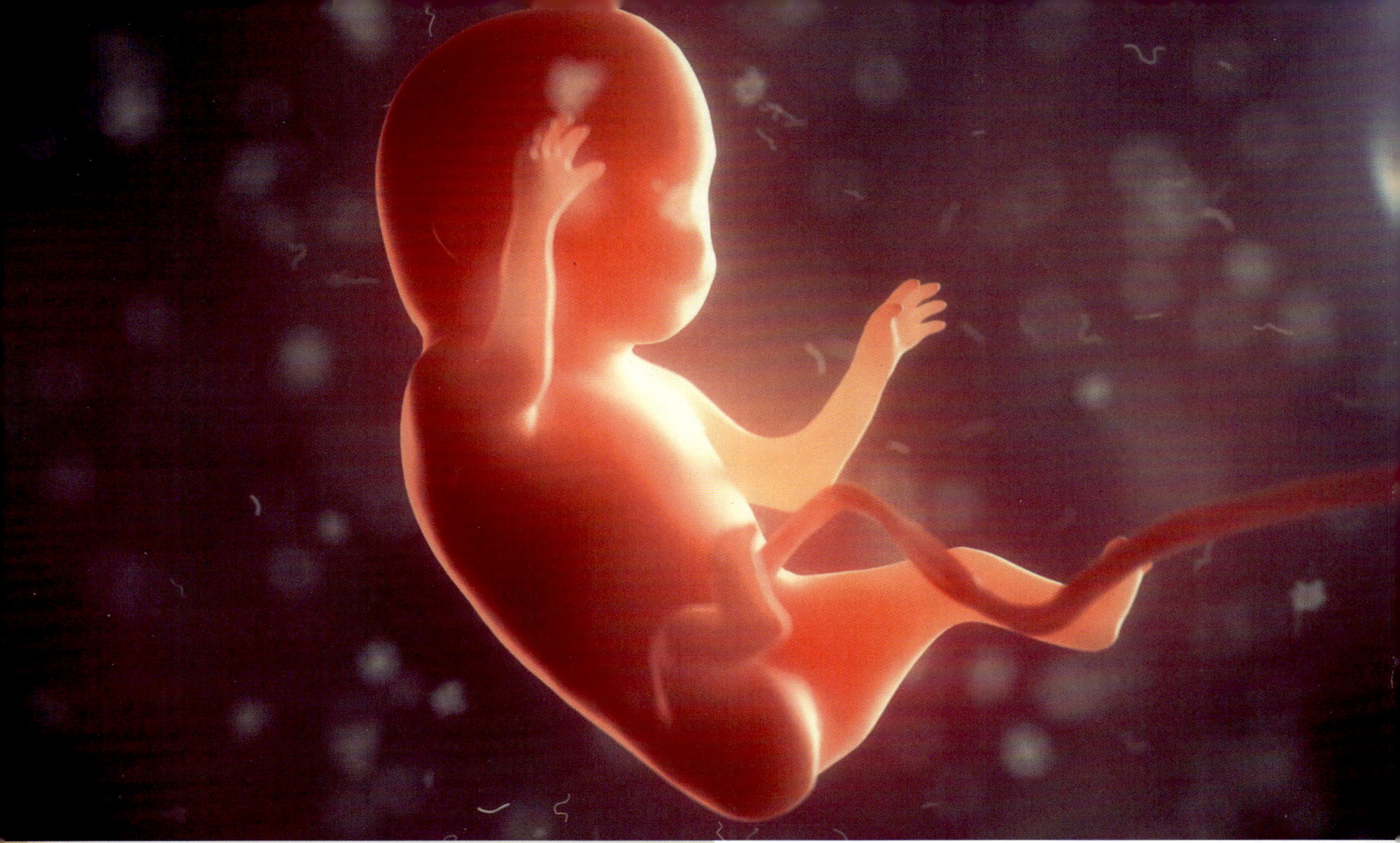

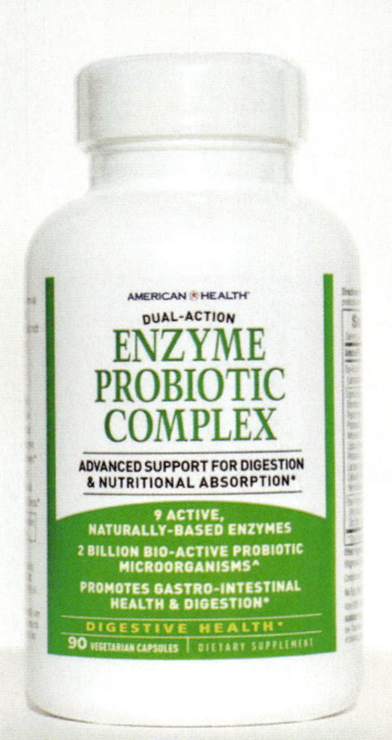
AMERICAN HEALTH
DUAL-ACTION
ENZYME PROBIOTIC COMPLEX
ADVANCED SUPPORT FOR DIGESTION & NUTRITIONAL ABSORPTION*
9 ACTIVE, NATURALLY-BASED ENZYMES
2 BILLION BIO-ACTIVE PROBIOTIC MICROORGANISMS^
PROMOTES GASTRO-INTESTINAL HEALTH & DIGESTION*
DIGESTIVE HEALTH*
90 VEGETARIAN CAPSULES | DIETARY SUPPLEMENT

Enzyme und Energie

4

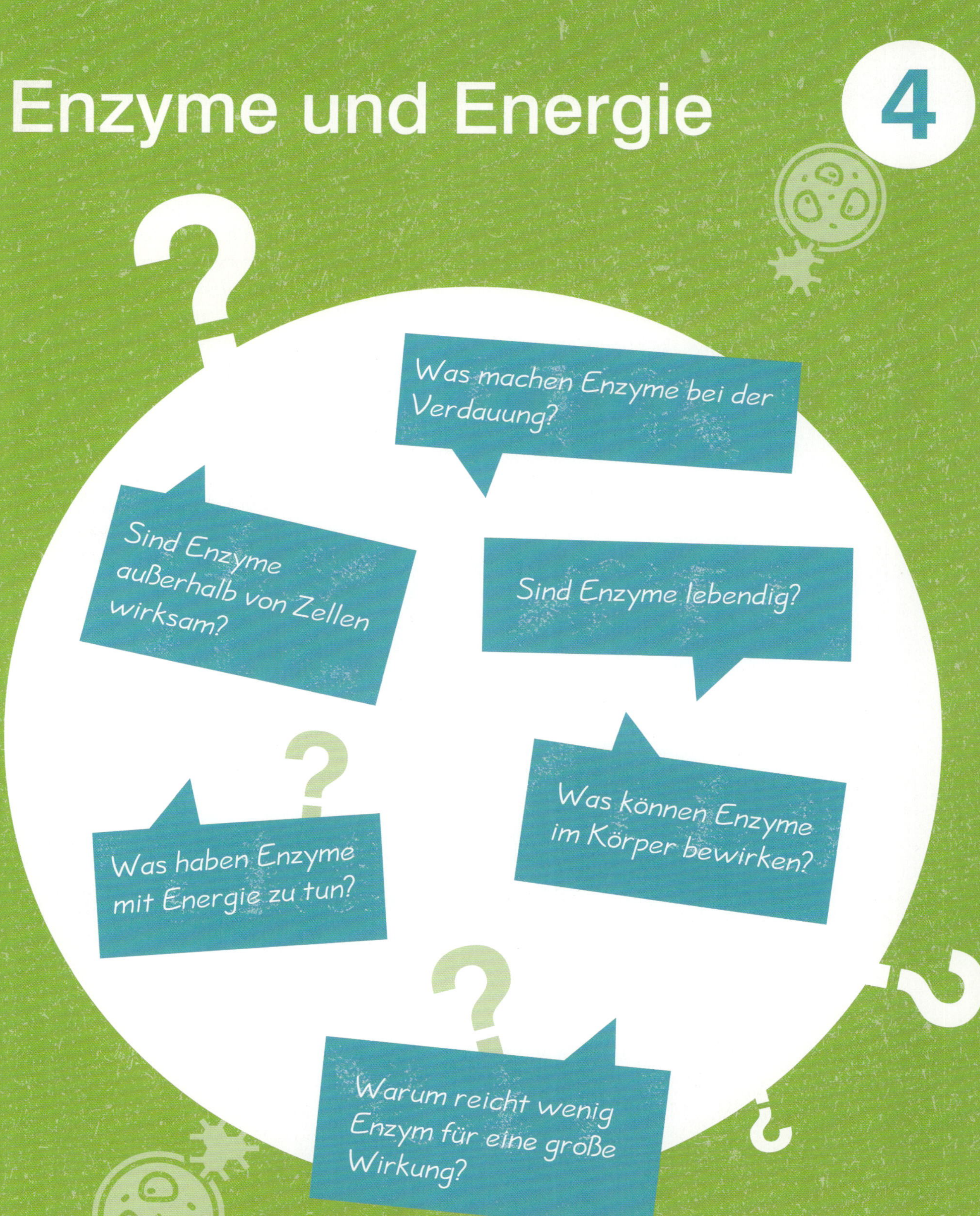

Enzyme bewirken einen neuen Reaktionsweg.

Enzyme begegnen uns im täglichen Leben, z. B. in Medikamenten und Waschmitteln. Sie spielen auch beim Bierbrauen und der Käseherstellung eine bedeutende Rolle. Fast alle biochemischen Vorgänge werden in Lebewesen durch Enzyme gesteuert. So wirken sie mit bei der Verdauung, Fruchtreife und der Entwicklung eines neuen Lebewesens. Gene sind im Weg über Enzyme an der Ausprägung von Merkmalen beteiligt.

Was sind Enzyme?

Enzyme sind *Proteine*, die Stoffwechselprozesse katalysieren. Sie werden deshalb als Biokatalysatoren bezeichnet.

Was bei einer Katalyse chemisch passiert, kann sehr unterschiedlich sein. Gemeinsam ist allen Katalysatoren, dass sie das Herstellen und das Zerlegen von bestimmten Stoffen beschleunigen, indem sie sich an der Reaktion beteiligen. Sie selbst gehen jedoch unverändert aus der Reaktion hervor. Stoffe, mit denen ein Enzym reagiert, heißen Substrate. Enzyme reagieren in der Regel nur mit einem ganz bestimmten Substrat, sie sind substratspezifisch.

Genau genommen, ist eine enzymatisch katalysierte Reaktion nicht mehr dieselbe wie jene ohne Enzym, da das Enzym als Reaktionspartner an ihr mitwirkt. Die Endprodukte sind zwar dieselben, aber der Weg zu ihnen ist verschieden. Da sie zu bestimmten Endprodukten führen, bezeichnet man Enzyme als wirkungsspezifisch.

Wie wirken Enzyme?

Laktase ist ein Verdauungsenzym. Fehlt es oder hat es eine zu geringe Aktivität, ist eine Milchzucker-Unverträglichkeit (Laktose-Intoleranz) die Folge. Das Substrat der Laktase ist Milchzucker (Laktose). Das Enzym katalysiert die Hydrolyse des Zweifachzuckers in die beiden Einfachzucker Glukose und Galaktose.

In der Summe lautet die Reaktion:

(1) Laktase + Milchzucker + Wasser
→ Glukose + Galaktose + Laktase

Die Gestalt der Milchzuckermoleküle passt genau zu einem bestimmten Teil des Enzymmoleküls. Dieser Teil heißt aktives Zentrum. Das

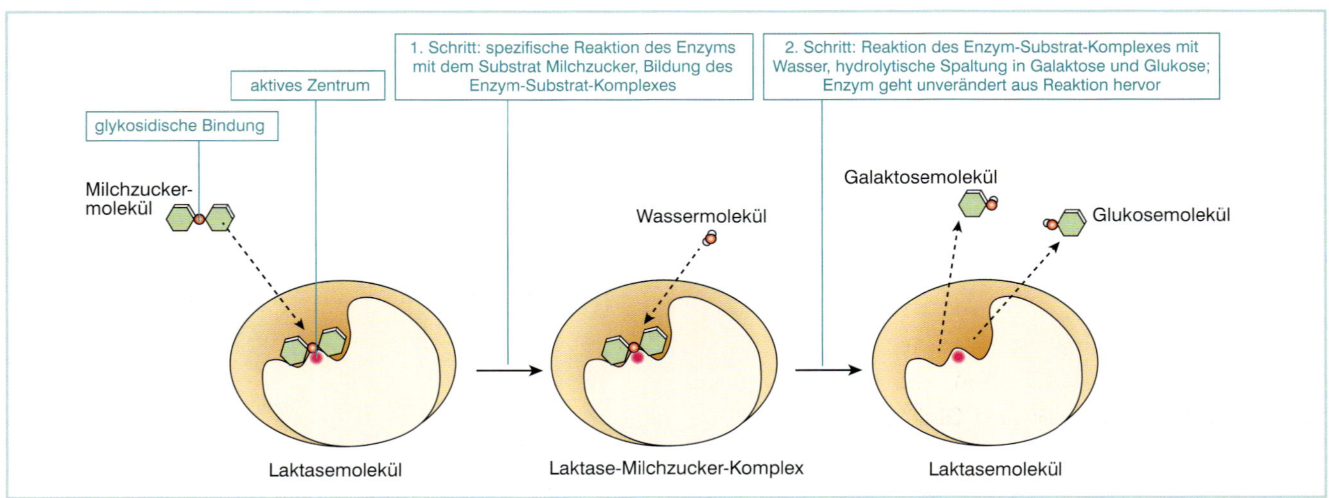

1: Modell der enzymatischen Katalyse von Milchzucker

aktive Zentrum der Laktase ist so gebaut, dass sich ausschließlich Milchzuckermoleküle daran anlagern können. Man spricht vom *Schlüssel-Schloss-Prinzip*.

Durch die Reaktion von einem Laktasemolekül mit einem Milchzuckermolekül bildet sich ein *Komplex* aus beiden. Allgemein spricht man vom Enzym-Substrat-Komplex (Abb. 1, 1. Schritt). Das Anlagern des Milchzuckermoleküls an das aktive Zentrum des Enzymmoleküls bewirkt, dass die glykosidische Bindung zwischen den beiden Einfachzuckerresten gelockert wird.
Daraufhin reagiert der Laktase-Milchzucker-Komplex mit Wasser: Durch Hydrolyse entstehen die Einfachzucker-Moleküle von Glukose und Galaktose.

Sobald die glykosidische Bindung gespalten ist, werden die entstandenen Einfachzuckermoleküle nicht mehr so stark vom aktiven Zentrum festgehalten, sodass sie es verlassen können (Abb. 1: 2. Schritt). Das Enzymmolekül geht unverändert aus der Reaktion hervor. Daher kann sich erneut ein Substratmolekül (Milchzucker) anlagern (Abb. 1: 1. Schritt). Da Enzymmoleküle am Ende der Reaktion unverändert zur Verfügung stehen, wirken sie bereits in niedriger Konzentration.

Wie können Enzyme Reaktionen steuern?

Manche Enzymmoleküle besitzen zwei aktive Zentren. Sie führen mit den beiden Zentren Moleküle von zwei Substraten zusammen, die sonst kaum miteinander reagieren könnten.
Ein Beispiel ist die Übertragung eines Phosphatrestes auf ein Glukosemolekül (Phosphorylierung, → S. 22).
Das Enzymmolekül hat zwei aktive Zentren, eines für ein ATP-Molekül und ein anderes für ein Glukosemolekül. Zusammengebracht durch die benachbarten aktiven Zentren reagieren die beiden Moleküle zu ADP und Glukosephosphat. Die entstandenen Moleküle lösen sich vom Enzymmolekül (Abb. 2).

ANSICHTEN UND EINSICHTEN

Katalyse

Früher wurden Enzyme auch Fermente genannt. Die Stoffwechselprozesse, die mit Fermenten ablaufen, hielt man für Prozesse, die nur von Lebewesen durchgeführt werden können. Es wurde sogar vermutet, dass Fermente selbst einfache Lebewesen sind.

Enzyme werden in Abbildungen als „Körper" abgebildet, die kleine Moleküle zu fesseln scheinen. Deshalb halten sie manche Menschen für „Zellen" oder „kleine Organismen".
Enzyme sind jedoch weder Lebewesen noch Zellen, sondern Stoffe. Die „Körper" in den Abbildungen sind Symbole für Protein-Moleküle (Abb. 1). Enzyme werden von Lebewesen produziert, sie wirken auch im Reagenzglas, also außerhalb einer lebenden Zelle.

Wenn man sagt, dass eine Reaktion katalysiert wird, meint man, dass ein anderer Reaktionsweg von stattengeht, d. h. eine Reaktion, an der ein Katalysator beteiligt ist. Es trifft also nicht zu, wenn man die (enzymatisch) katalysierte Reaktion als dieselbe Reaktion betrachtet wie diejenige, die ohne Katalysator (Enzym) erfolgt. Deshalb ist es streng genommen auch nicht richtig, dass Enzyme eine Reaktion beschleunigen. Man vergleicht vielmehr zwei verschiedene Reaktionen: Die enzymatisch katalysierte Reaktion läuft schneller ab als die Reaktion ohne Enzym.

Von Verdauungsenzymen wird häufig gesagt, dass sie das Substrat „spalten", z. B. Laktase den Milchzucker in Glukose und Galaktose. Das trifft nicht zu. Um ein Molekül, also eine Bindung zu spalten, braucht man Energie. Diese liefert ein Enzym jedoch nicht (→ S. 52). Wenn man meint, dass ein Verdauungsenzym eine Bindung „spaltet", übersieht man die exergone Reaktion des Enzym-Substrat-Komplexes mit Wasser. Es müsste in diesem Fall heißen, dass das Enzym die hydrolytische Spaltung des Substrats katalysiert.

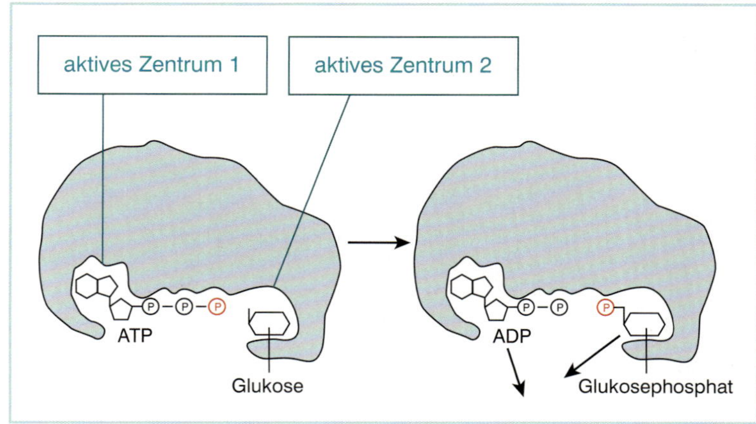

2: Enzymatisch katalysierte Übertragung eines Phosphatrests von ATP auf Glukose

Enzymreaktionen sind von Energie abhängig.

1: Enzyme können exergone Reaktionen katalysieren, endergone brauchen zusätzlich Energiezufuhr.

Enzyme beteiligen sich – wie alle Katalysatoren – als Reaktionspartner an einer Reaktion. Die enzymatisch katalysierte Reaktion verläuft schneller als eine Reaktion, die ohne Enzym zu denselben Endprodukten führt.
Wie alle chemischen Reaktionen verlaufen auch enzymatisch katalysierte Reaktionen prinzipiell in beide Richtungen. Halten sich Hin- und Rückreaktion die Waage, so kommt die Reaktion äußerlich zum Stillstand: Man spricht vom chemischen Gleichgewicht. Mit Gleichgewicht ist gemeint, dass genauso viele Moleküle oder Ionen der Hinreaktion miteinander reagieren wie Moleküle oder Ionen der Rückreaktion.
Freiwillig verlaufen Reaktionen in Richtung des chemischen Gleichgewichts. Freiwillig verlaufende Reaktionen sind exergon.

Energiebedarf

Enzyme katalysieren ohne Weiteres nur exergone Reaktionen (Abb. 1). Für die Katalyse endergoner Reaktionen wird Energiezufuhr benötigt, daher sind sie im Organismus mit exergonen Reaktionen gekoppelt, meistens mit der Hydrolyse von ATP oder Übertragung eines Phosphatrests (→ S. 22). Die Reaktion zweier Aminosäuren miteinander ist endergon. Bei der Proteinbiosynthese wird ein Protein aus mehreren hundert bis über tausend Aminosäuren-Molekülen mithilfe von Enzymen zusammengesetzt. Für die Anheftung eines einzigen Aminosäure-Moleküls an eine entstehende Proteinkette wird so viel Energie benötigt, wie mit der Hydrolyse von vier ATP-Molekülen geliefert wird. Ein ungeheurer Energieaufwand!

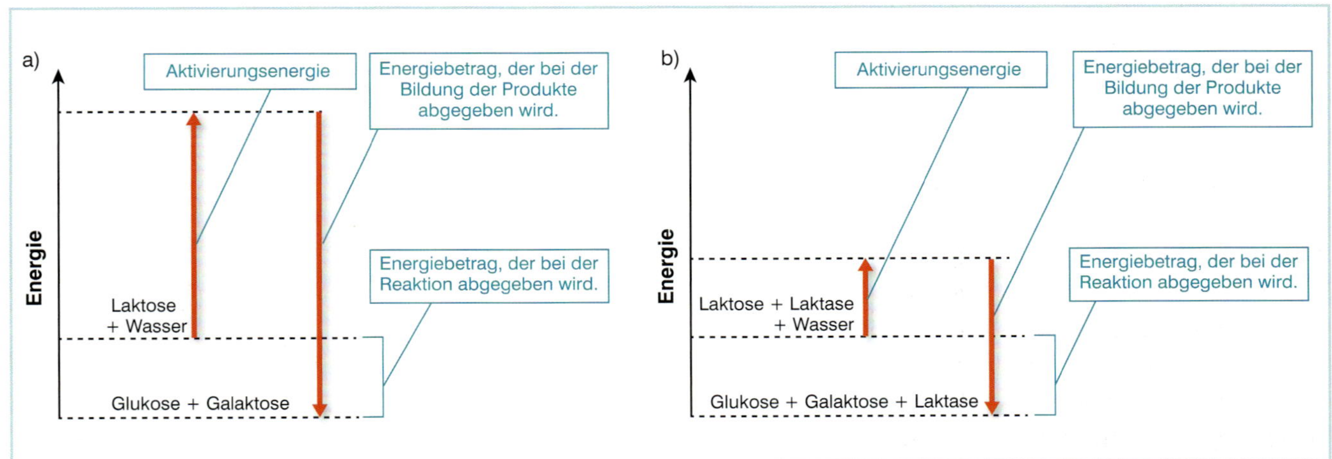

2: Energiediagramme zur Hydrolyse von Milchzucker: a) ohne Enzym; b) enzymatische Katalyse mit Laktase. Die Abbildung gibt lediglich die Energiebilanzen an, sie sagt nichts zum Reaktionsverlauf, da er nicht eindeutig zu definieren ist.

Geringe Aktivierungsenergie

Bevor Moleküle miteinander reagieren können, müssen zunächst Bindungen zwischen ihren Atomen gespalten werden. Zum Starten einer Reaktion muss daher Energie zugeführt werden. Die zum Starten nötige Energie heißt Aktivierungsenergie. Die entstehenden Atome oder Teilmoleküle (Radikale) reagieren anschließend miteinander, d. h., sie bilden in den Produktmolekülen neue Bindungen. Die Energie, die dabei abgegeben wird, spaltet weitere Moleküle der Reaktanden, sodass die Reaktion in Richtung Gleichgewicht weitergeht.

Die Bildung des Enzym-Substrat-Komplexes (z. B. der Laktase-Milchzucker-Komplex) benötigt viel weniger Aktivierungsenergie als die direkte Reaktion der Reaktanden (z. B. Milchzucker und Wasser, Abb. 2).
Mit Enzymen kann der Körper dennoch keine Energie sparen: Da die Reaktionen mit und ohne Enzymen dieselben Endprodukte bilden, ergibt sich dieselbe Energiebilanz (das Enzym zählt nicht, da es gleichermaßen als Reaktand und Produkt auftritt). Die Größe der Aktivierungsenergie spielt für die Energiebilanz keine Rolle: Die aus der Umgebung aufgenommene Energiemenge wird bei der Bildung der Produkte wieder abgegeben.

Enzyme ändern die Energiebilanz einer Reaktion nicht. Sie liefern keine Energie. Sie sparen nur Zeit, da der katalysierte Vorgang schneller abläuft, d. h. die Endprodukte schneller liefert, als die nicht katalysierte Reaktion.

Schnelle und vollständige Produktion

Da die enzymatische Reaktion nur eine niedrige Aktivierungsenergie benötigt, sind in kurzer Zeit viele Moleküle reaktionsfähig gespalten. Die Reaktion erfolgt bei Körpertemperatur und läuft viel schneller ab als die Reaktion ohne Enzym. So würde die Hydrolyse einer Portion von Milchzucker, die im Darm nur wenige Minuten dauert, ohne Enzym etwa hundert Jahre benötigen.
Enzyme katalysieren eine Reaktion grundsätzlich in beide Reaktionsrichtungen. Wie alle chemischen Reaktionen verlaufen auch die enzymatisch katalysierten Reaktionen stets in Richtung des chemischen Gleichgewichts. In Organismen verlaufen Reaktionen jedoch meist vollständig in einer Richtung ab. Da die Produkte abgeführt werden, wird somit das chemische Gleichgewicht nicht erreicht, sodass die Reaktion stets in Richtung der abgeführten Produkte verläuft.

ANSICHTEN UND EINSICHTEN

Aktivierungsenergie bei Katalyse

Enzyme „senken“ angeblich die Aktivierungsenergie einer Reaktion. Die Energiemenge, die nötig ist, um eine bestimmte Bindung zu spalten, ist jedoch immer dieselbe: Bei Milchzucker wird die glykosidische Bindung zwischen den beiden Molekülbausteinen gespalten. Mit einer gesenkten Aktivierungsenergie kann das nicht geschehen.

Die Enzymreaktion beschreitet einen anderen Weg: Es wird ein Enzym-Substrat-Komplex gebildet. Dabei wird die glykosidische Bindung im Zuckermolekül nicht gespalten, sondern nur gelockert. Die Reaktion zum Enzym-Substrat-Komplex benötigt nur wenig Aktivierungsenergie. Erst in der Folgereaktion des Komplexes mit Wasser wird die gelockerte Bindung gespalten. Dafür muss wieder nur eine kleinere Aktivierungsenergie aufgewendet werden, als zur Spaltung der Bindung in einem Schritt nötig wäre.

AUFGABEN

1 Betrachten Sie die Abbildung 1 als Modell und geben Sie an, was im Bild dem Enzym, dem Verlauf der chemischen Reaktion und der energetischen Situation (exergon bzw. endergon) entspricht.

2 Zeichnen Sie ein Energiediagramm nach dem Vorbild von Abb. 2, in dem die Energiebilanzen der beiden Teilreaktionen (s. Abb. 1, S. 50) getrennt dargestellt sind.

3 Auf Seite 49 sind einige Fragen zu Enzymen zusammengestellt. Geben Sie Antworten auf die Fragen, die eine Schülerin oder ein Schüler der Klasse 9 verstehen kann. Die Informationen der Seiten dieses Kapitels können dabei helfen.

https://www.fr-v.de/1843009-k4-s53/

225
ml
200
150
100

Energie und Entropie

5

Kann Ordnung von selbst entstehen?

Kann man Ordnung und Unordnung naturwissenschaftlich definieren?

Ist Ordnung dasselbe wie Struktur?

Schafft nur der Mensch Ordnung und Unordnung?

Wird Ordnung durch Energie aufgebaut?

Strebt die Natur nach Ordnung?

Entropie erkennt man an nicht umkehrbaren Prozessen.

1: Ein nicht umkehrbarer Prozess

Ein zerstörtes Haus baut sich nicht von selbst wieder auf, ebenso fügt sich ein zerbrochenes Ei nicht wieder zusammen. Eine Keimpflanze wird nicht wieder zum Samen und ein Küken nicht wieder zum Ei. Diese Prozesse lassen sich nicht umkehren und zeigen daher die Wirkung von Entropie: Sie gibt den Prozessen eine Richtung: Entropie nimmt bei allen Prozessen zu.

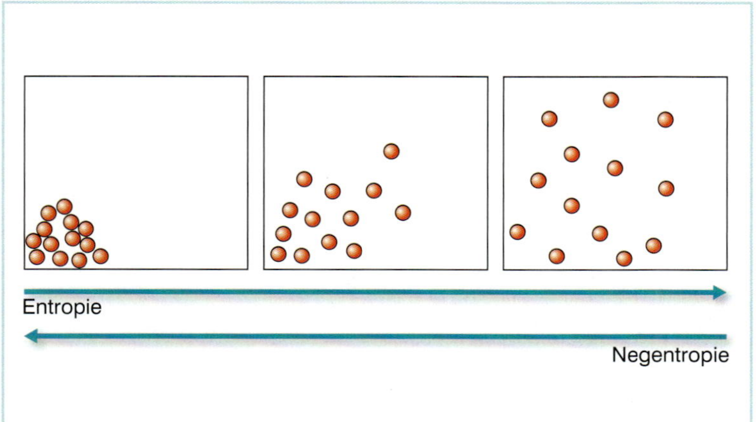

2: Entropie und Negentropie. Von links nach rechts: Diffusion einer Gasportion oder einer in Lösung gehenden Stoffportion (Lösungsmittelmoleküle sind nicht abgebildet). Von rechts nach links: Auskristallisieren einer Substanz aus einer Lösung

Was ist Entropie?

Entropie ist eine physikalische Größe, die in Joule pro Grad der absoluten Temperatur (Kelvin) gemessen wird [J/K]. Meistens wird Entropie mit „Unordnung" umschrieben. Wie alle physikalischen Begriffen weicht auch Entropie erheblich von der umgangssprachlichen Bedeutung der Unordnung ab. Naturwissenschaftlich sind Ordnung und Unordnung statistische Begriffe, die die wahrscheinliche Verteilung von „Teilchen" oder „Zuständen der Teilchen" in einem System angeben.

Die Beschreibung von Ordnung und Unordnung als mögliche Verteilung von „Teilchen" wird auch bezogen auf Energie einsehbar: Denn man kann sich vorstellen, dass Energie stets in Quanten, also gleichsam in „Teilchen" („Energieportionen") unterteilt ist.

Unordnung (Entropie) bedeutet, dass die Teilchen in dem System viele Zustände, d. h. energetische Niveaus oder verschiedene Orte einnehmen können. Die größte Anzahl möglicher Zustände oder Orte ist der höchste Grad an Unordnung (Abb. 2: Zunahme von links nach rechts).

Was ist Negentropie?

Das Gegenteil, „Ordnung", wird mit der zum Kehrwert der Entropie proportionalen Größe erfasst, der Negentropie. Negentropie bedeutet, dass die Teilchen nur wenige räumliche oder energetische Zustände einnehmen können – beim höchsten Grad an Ordnung nur einen Zustand (Abb. 2: Zunahme von rechts nach links).

Man beachte: Negentropie – mit der negativen Vorsilbe – wird positiv als Ordnung beschrieben. Entropie hingegen bezeichnet Unordnung, die mit der Vorsilbe negativ gekennzeichnet ist.

Wie nimmt Entropie zu?

Ein Standardbeispiel für die Zunahme von Entropie in einem System ist die Diffusion eines Gases oder eines in Lösung gehenden Feststoffs. Die Verteilung der Teilchen im Raum bzw. im Lösungsmittel bedeutet, dass die möglichen Zustände der Teilchen im System zunehmen. Die Gleichverteilung der Teilchen im Raum bedeutet also Zunahme der Entropie (Unordnung), die Ungleichverteilung bedeutet Abnahme der Entropie (Abb. 2).

Was hat Entropie mit Energie zu tun?

Energie ist eine Größe, die in energetisch geschlossenen Systemen erhalten bleibt, während Entropie bei allen Prozessen zunimmt: Energie ist eine Erhaltungsgröße, Entropie eine Richtungsgröße.

Energie und Entropie sind also nicht dasselbe. Die Einheit J/K, in der Entropie gemessen wird, zeigt jedoch bereits, dass Energie und Entropie eng zusammenhängen.

Wenn einem System Energie thermisch zugeführt wird, erhöht sich seine Temperatur: Die durchschnittliche thermische Bewegung der Teilchen ist vergrößert. Die Teilchen können also mehr Orte einnehmen als zuvor. Somit ist die Entropie des Systems vergrößert worden.

ANSICHTEN UND EINSICHTEN

Ordnung und Unordnung

Eine beliebte Metapher für Entropie und Negentropie ist die Unordnung bzw. Ordnung in einer Bibliothek. Wenn die Bücher einer Bibliothek klar nach einem Ordnungskriterium aufgestellt werden (z. B. alphabetisch), dann erhält jedes Buch einen einzigen festen Platz. Solange das so ist, hat die Bibliothek den niedrigsten Entropiegrad, also die größte Ordnung (Negentropie).

Wenn nun die Benutzer die Bücher an einen beliebigen Ort zurückstellen, dann gerät die Bibliothek in Unordnung (Zunahme der Entropie). Es bedarf ordnender Arbeit (Zufuhr von Negentropie) durch Bibliotheksangestellte, um die Ordnung gegen die Tätigkeit der Benutzer wiederherzustellen. Wenn für das Aufstellen der Bücher mehrere Kriterien gelten, z. B. Wissensgebiet oder Erscheinungsjahr, dann gibt es mehrere mögliche Orte, sodass die Unordnung zunimmt. Die Unordnung wird auch erhöht, wenn neue Bücher angeliefert und zunächst ungeordnet gestapelt werden. Auch hier muss wieder ordnend durch Arbeit in der Bibliothek eingegriffen werden.

Energie bewirkt durch ungeordnete Bewegung der Teilchen Wärme, geordnete Bewegung bewirkt Arbeit (→ S. 6). Das Benutzen mehrerer Kriterien und die ungeordnete Anlieferung von Büchern verursachen Unordnung in der Bibliothek. Das entspricht der Wärmebewegung, die die Gleichverteilung (Unordnung) der Teilchen bewirkt.

Soll eine Ungleichverteilung, eine Ordnung oder Struktur in einem System, hergestellt werden, so muss Energie thermisch abgeführt (→ S. 58). oder Arbeit geleistet werden. Zum Beispiel muss Energie für den Transport von Wasserstoffionen eingesetzt werden, um eine Differenz der Verteilung zwischen den beiden Seiten einer Membran zu bewirken (→ S. 31). Die Differenz der Ionenkonzentration ist eine Struktur bzw. gegenüber der Gleichverteilung ein Zustand größerer Ordnung.

Umgekehrt bedeutet die thermische Abfuhr von Energie, d. h. Wärmefluss aus einem System, dass die Entropie abnimmt.
Beim Auskristallisieren eines Stoffes aus einer Lösung wird Wärme abgegeben.
Das ist die Voraussetzung für die Zunahme der Negentropie (Strukturbildung, → S. 58).

3: Kristallbildung bedeutet Abnahme der Entropie, Zunahme an Ordnung (Negentropie)

Entropisch offene Systeme können Strukturen bilden und aufrechterhalten.

Organismen sind hoch geordnete Systeme. Während ihrer Entwicklung nimmt Entropie ab. Deshalb wurde behauptet, dass die Existenz von Lebewesen dem 2. Hauptsatz der Thermodynamik widerspricht, wonach die Entropie bei jedem Prozess unweigerlich zunimmt.

Abgabe von Entropie

„Wie entziehen sich Lebewesen dem Zerfall?" Diese Frage stellte der Physiker Erwin Schrödinger, da Zerfall die Folge der mit jedem Lebensprozess zunehmenden Entropie sein müsste.

Schrödinger nennt zunächst unzureichende Antworten, um danach seine Lösung anzufügen:
Die Aufnahme und Abgabe von Stoffen kann nicht die Ursache sein, denn ein Atom derselben Stoffart ist so gut wie jedes andere.
Auch die Aufnahme und Abgabe von Energie kann die Frage nicht beantworten, denn eine Energieeinheit (Kalorie oder Joule) ist genauso viel wert wie eine andere.
Das Geheimnis der Erhaltung und Bildung von Strukturen der Lebewesen ist der Umstand, dass Lebewesen ständig „Ordnung" (Negentropie) aus der Umgebung aufnehmen und sich der unvermeidbar entstehenden „Unordnung" (Entropie) durch thermische Abgabe von Energie (Wärmefluss) entledigen.

Organismen sind entropisch offene Systeme. Während Entropie in einem entropisch geschlossenen System immer zunimmt, kann sie aus einem entropisch offenen System abgeführt werden. Im entropisch offenen System kann Entropie daher zunehmen, gleichbleiben oder sogar abnehmen. Die Aufnahme kann in „geordneter" Energie (Licht) oder Materie (Nährstoffe) bestehen, die Abgabe in „ungeordneter" Materie (Exkremente) oder „ungeordneter" Energie durch Wärmefluss (Abb. 1).
Der Zusammenhang zwischen Abfuhr von Wärme und Strukturbildung kann mit der Bildung von Eiskristallen in einem Becherglas verdeutlicht werden: Im Glas entsteht Eis. Eis hat eine geringere Entropie als flüssiges Wasser, denn im Eis sind die Wassermoleküle an einen Ort gebunden und können höchstens schwingen, während sie im flüssigen Wasser verschiedene Orte einnehmen können (→ S. 56, Abb. 2).
Die Eisbildung widerspricht jedoch nicht dem 2. Hauptsatz der Thermodynamik, denn bei dem

entropisch geschlossenes System
Entropiezunahme

Negentropie
Strahlung
Nahrung

Offenes System
Strukturbildung

Entropie
Wärme
Exkremente

1: In entropisch offenen Systemen kann Entropie abnehmen und es können daher Strukturen gebildet werden.

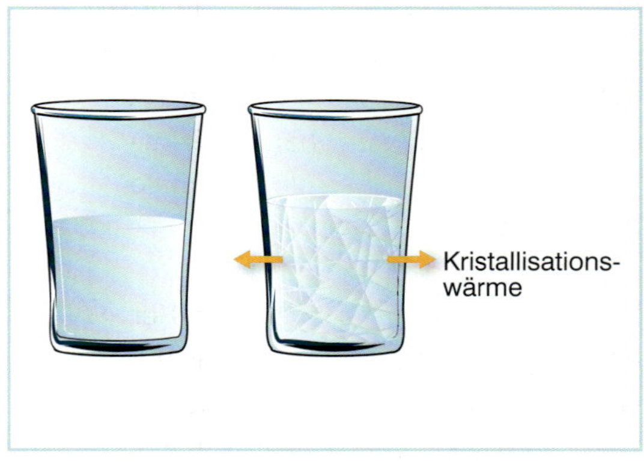

2: Eisbildung im Glas: Strukturbildung in einem entropisch offenen System

Prozess wird Kristallisationswärme an die Umgebung abgeführt. Das Wasserglas ist ein entropisch offenes System, im entropisch geschlossenen System (Wasserglas und Umgebung) nimmt die Entropie zu (Abb. 2).

In einer Kerzenflamme bilden sich aus dem reagierenden Gasgemisch Strukturen: die nicht leuchtende Zone, in der sich gasförmiges Wachs (Wachsdampf) befindet, und die leuchtende Zone, in der Kohlenstoff verglüht (→ S. 9: Abb. 1).

Die Strukturen bleiben im Wechsel der Bestandteile erhalten (*Selbstorganisation*). Strukturbildung bedeutet, dass die Entropie im System abnimmt.

Die Entstehung aus einem Gasgemisch ist eigentlich erstaunlich, denn mit der Verdampfung des festen Wachses nimmt die Entropie im System stark zu. Die entstehende Entropie wird durch Wärmefluss sowie Abgabe von Wasserdampf und Kohlenstoffdioxid jedoch ständig aus der Flamme abgeführt. Die Kerzenflamme ist damit ein einfaches Modell für die Strukturbildung und für wesentliche Prozesse in Organismen (Abb. 3).

Die Phänomene Wachstum, Differenzierung, Regulation und Regeneration sind bei der Kerzenflamme leicht zu beobachten: Eine kleine Flamme (kurzer Docht) wächst zu einer Endgröße heran, ebenso wie eine große Flamme (bei einem langen Docht) zu einer etwas kleineren schrumpft (Regulation). Die Zonen bilden sich beim Wachstum heraus (Differenzierung). Wenn man eine Kerzenflamme durch Hineinhalten eines metallenen Gegenstands (etwa einer Schere) teilweise zerstört, fängt sie an zu rußen und ergänzt sich nach dem Entfernen des Metalls wieder (Regeneration).

Regulation zeigt sich auch, wenn Kerzenflammen bei mangelnder Wachszufuhr anfangen zu flackern: Das Flackern ist der gegenüber dem ruhigen Abbrennen energetisch nächst stabile Zustand des Systems.

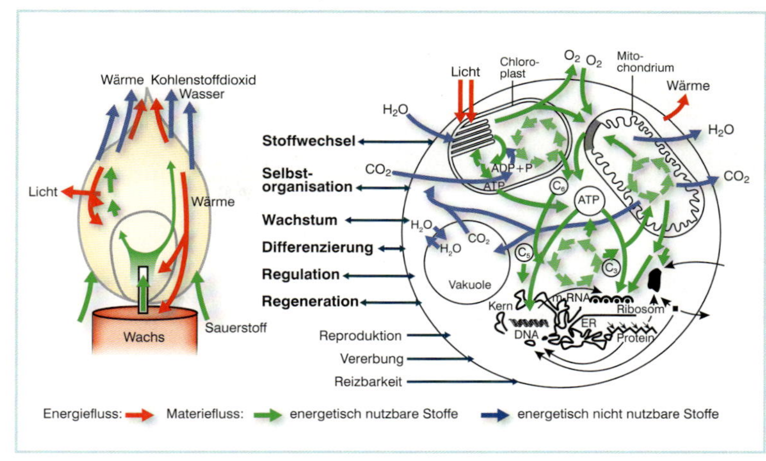

3: Dissipative Strukturen: Analogie von Prozessen der Kerzenflamme und des Organismus (Beispiel Pflanzenzelle)

WÖRTER UND BEGRIFFE

Dissipative Strukturen

Abnahme von Entropie ist gleichbedeutend mit Strukturbildung. Struktur ist gleichbeutend mit Ordnung (Negentropie). Strukturen können daher in einem System nur entstehen, wenn gleichzeitig Entropie aus ihm entfernt wird.

Energie hat die Eigenschaft, sich auszubreiten, wenn sie nicht daran gehindert wird. Die Ausbreitung der Energie erfolgt thermisch durch Wärme. Man bezeichnet die Ausbreitung als Dissipation.

Dissipation bedeutet nicht nur, dass sich Energie thermisch ausbreitet: Mit der Wärmeabgabe wird Entropie aus dem System entfernt. Im System bleiben Strukturen erhalten oder sie werden neu gebildet.

Der französische Biochemiker Ilya Prigogine nennt aufgrund dieses Zusammenhangs sowohl die Kerzenflamme wie auch den Organismus dissipative Strukturen (Abb. 3).

AUFGABEN

1 Eine Physikerin nennt ihren kleinen Sohn „Entropy's little helper." Warum?

2 Erklären Sie die Ursachen, die bewirken, dass in der Kerzenflamme die Entropie abnimmt, obwohl die Anzahl der möglichen Zustände der Wachsteilchen gegenüber dem festen Kerzenwachs zunimmt.

3 Auf S. 55 sind einige Fragen gestellt. Geben Sie Antworten, die eine Schülerin oder ein Schüler der 10. Klasse versteht. Die Seiten dieses Kapitels geben Ihnen dazu Informationen.

https://www.fr-v.de/1843009-k5-s59/

Alles klar?

https://www.fr-v.de/1843009-alles-klar/

Die Aufgaben auf dieser Seite dienen Ihnen zur Selbstkontrolle.
Mit ihnen wird vor allem nach Zusammenhängen zwischen den Themen der Kapitel gefragt.

1. Wenden Sie die Begriffe Energieübertragung, Energiespeicherung und Materietransport auf die Photoreaktion der oxygenen Photosynthese an. Unterscheiden Sie dabei auch verschiedene Formen der Energieübertragung und Energiespeicherung.

2. Beschreiben Sie, wie sich bei der Photosynthese und der Zellatmung die Entropie ändert.

3. Erklären Sie, weshalb der Calvin-Benson-Zyklus ohne Enzyme nicht ablaufen kann.

4. Erklären Sie, wie durch Elektronentransport Wasserstoffionen transportiert werden können.

5. Erklären Sie die unterschiedliche Funktion von NAD^+/NADH bei der Gärung und bei der Endoxidation.

6. Erläutern Sie den energetischen Unterschied zwischen Energiefluss und Materietransport.

7. Erklären Sie, warum jede Speicherung von Energie zwingend mit einer Abgabe von thermischer Energie (Wärmefluss) verbunden ist. Wenden Sie dabei die Begriffe Entropie und Negentropie an.

8. Der Physiker Ludwig Boltzmann äußerte, der Kampf der Lebewesen sei nicht ein Kampf um Nahrung, sondern um Entropie.
Erklären Sie, was er damit meinte.

9. Ein Mitschüler meint:
„Bei der Photosynthese wird Kohlenstoffdioxid in Sauerstoff umgewandelt.“ Erläutern Sie anhand des Reaktionssymbols der oxygenen Photosynthese, welche Stoffumwandlungen tatsächlich stattfinden.

10. In einem Lehrbuch steht, Sauerstoff ist ein Nebenprodukt der Photosynthese.
Beurteilen Sie diese Bewertung, indem Sie die Rolle des Sauerstoffs für das Leben der Pflanzen angeben.

11. Erklären Sie, ob entropisch offene Systeme immer auch energetisch offene Systeme sein müssen.

12. Stellen Sie die Gemeinsamkeiten und Unterschiede von oxygener Photosynthese und Zellatmung in einer Tabelle zusammen.

13. In einem Lehrbuch der Biochemie wird Sauerstoff als Nährstoff bezeichnet. Diskutieren Sie, welche Gründe es für und gegen diese Aussage gibt.

14. Beurteilen Sie, ob der Planet Erde ein entropisch geschlossenes oder ein entropisch offenes System ist.

15. „Ein ausgewachsener Baum liefert wegen der größeren Gesamtoberfläche seiner Blätter mehr Sauerstoff als ein junger Baum, der noch wächst.“ Nehmen Sie Stellung zu dieser Aussage.

16. „Enzyme katalysieren nicht nur chemische Reaktionen, sie steuern sie auch und schaffen sogar ganz unwahrscheinliche.“ Erläutern Sie diese Aussage anhand eines Beispiels.

17. Begründen Sie, ob Substratphosphorylierung und Übertragung eines Phosphatrestes durch ATP auf ein Substrat dieselbe chemische Reaktion ist oder nicht.

Glossar

https://www.fr-v.de/1843009-glossar/

Die mit Seitenverweisen versehenen Begriffe sind im Text blau markiert. Die hier erläuterten Begriffe stehen im Text kursiv.

A

aktiver Transport → S. 15
aktives Zentrum → S. 50
Aktivierungsenergie → S. 53
Äquivalenz → S. 17
Arbeit → S. 6

Archeen bilden neben den → Bakterien eine große Gruppe der Prokaryoten, die → chemosynthetisch autotroph oder → heterotroph leben. Die Eukaryoten stammen mit Ausnahme ihrer → Mitochondrien und Plastiden (→ Endosymbionentheorie) von Archeen ab.

Atmung → S. 25
Atmungskette → S. 30
anoxygene Photosynthese → S. 37 f.
ATP → S. 22
ATP-Synthase → S. 32
autotroph → S. 20

B

Bakterien sind eine Gruppe von Prokaryoten mit vielfältigem Stoffwechsel, darunter: → phototrophe mit → anoxygener Photosynthese und → Cyanobakterien mit → oxygener Photosynthese sowie → chemosynthetisch autotrophe und → heterotrophe, sowohl aerob wie anaerob lebende.

Bilanzierungsgröße → S. 5
Bindungsenergie → S. 8
biologische Oxidation → S. 25
Bioplanet → S. 47
Braunes Fettgewebe → S. 33
Brennwert → S. 11

C

Carboxylierung → S. 43
Chemiosmose → S. 32

chemische Bindung: chemische Bindungstypen sind die Elektronenpaarbindung (kovalente Bindung), Ionenbindung und metallische Bindung. Die schwächeren Kräfte zwischen Molekülen, z. B. durch Wasserstoffbrücken und Komplexbildung, werden zuweilen nicht als chemische Bindung bezeichnet. Für sie gilt jedoch in gleicher Weise das allgemeine Prinzip, dass das Herstellen der Bindung Energie freisetzt und Spaltung Energie erfordert.

Calvin-Benson-Zyklus → S. 43
chemisches Gleichgewicht → S. 52
Chemosynthese → S. 47
Chlorophyll → S. 37
Chloroplasten → S. 37
Coenzym → S. 28

Cyanobakterien (früher „Blaualgen") sind → Bakterien. Sie betreiben dieselbe → oxygene Photosynthese wie Pflanzen und gelten als die Vorfahren der → Chloroplasten (→ Endosymbiontentheorie). Cyanobakterien sind die biochemisch vielfältigste Gruppe von Lebewesen. Einige Vertreter können neben oxygener und → anoxygener Photosynthese auch Stickstoff fixieren und → Gärungen durchführen.

D

Decarboxylierung → S. 28
Dissipation → S. 59
dissipative Strukturen → S. 59

E

endergone Reaktion → S. 11. Endergon (oder endergonisch) sind Reaktionen, die nicht freiwillig, sondern gezwungen, unter ständiger Energiezufuhr, ablaufen. Gegenteil: → exergone Reaktion. Im Chemieunterricht werden Reaktionen als endotherm bezeichnet, wenn die Umgebung abkühlt. Solche Reaktionen können im Einzelfall – im Gegensatz zu endergonen – freiwillig ablaufen, wenn die → Entropie im System zunimmt. Ein Beispiel ist das Abkühlen beim Lösen einer Brausetablette in Wasser, bei dem gleichzeitig Energie als Volumenarbeit abgegeben wird. Daher stimmen die Begriffe endergon und endotherm und entsprechend → exergon und exotherm nicht völlig überein. Bei biologischen Vorgängen fließt in der Regel die gesamte Reaktionsenergie in dieselbe Richtung; endergone Reaktionen sind hier also gleichzeitig endotherm, exergone exotherm. In diesem Buch wird das Begriffspaar exergon/endergon verwendet, da neben der thermischen auch die chemische, osmotische, elektrische und kinetische → Energieübertragung sowie Zunahme oder Abnahme der → Entropie in → offenen Systemen betrachtet wird.

Endosymbiontentheorie: Zahlreiche Hinweise (eigenes Plasma, ringförmige DNA und Ribosomen, innere Membranen, die sich von übrigen Zellmembranen durch ihren prokaryotischen Charakter unterscheiden sowie Vermehrung durch Teilung) belegen, dass → Mitochondrien und Plastiden (darunter → Chloroplasten) Abkömmlinge ehemals freilebender → Bakterien sind. Sie wurden von einer ursprünglichen → Archee aufgenommen.

endotherme Reaktionen sind von → endergonen Reaktion zu unterscheiden.

exergone Reaktion → S. 11. Exergone oder exergonische Reaktionen sind Reaktionen, die – abgesehen von zugeführter → Aktivierungsenergie – freiwillig ablaufen. Exergone sind von exothermen Reaktionen zu unterscheiden, da sie Energie nicht nur thermisch übertragen; → endergone Reaktion.

exotherme Reaktionen sind von → exergonen Reaktionen zu unterscheiden.

Flüssig-Mosaik-Modell: Die in die Membranen der Zelle eingelagerten Moleküle sind nicht starr ortsgebunden. Im Flüssig-Mosaik-Modell stellt man sich die Membran aus mehr oder weniger flüssigen und festen Teilen zusammengesetzt vor, sodass es ein sich dynamisch änderndes System ist. Ein Modell, mit dem das Verhalten der Membranen in jeder Hinsicht zutreffend beschrieben werden kann, gibt es jedoch nicht.

G

homolog sind Strukturen oder Prozesse, die auf einen gemeinsamen Stamm zurückgeführt werden können.

Kompartimentierung betrifft vor allem Zellen und Organismen. Sie bezeichnet die Aufteilung durch Zellmembranen in verschiedene Reaktionsräume bzw. in Organe mit verschiedenen Funktionen.

Komplexe sind chemisch definiert ein Verbund aus zwei oder mehreren Molekülen oder Ionen, die durch schwache elektrostatische Kräfte oder Bindungen zusammengehalten werden.

L

Metapher ist eine sprachlich bildliche Umschreibung eines Sachverhalts. Das Wort stammt aus dem Griechischen und bedeutet Übertragung. Das Verstehen von unanschaulichen Sachverhalten wird durch Metaphern auf der einen Seite erhellt, auf der anderen Seite wird der Sachverhalt aber auch verdunkelt, weil mit Metaphern allgemein weitere Aspekte verbunden sind, die nicht zutreffen: Beispielsweise übertragen wir die Metapher „Fließen" auf Energie. Damit veranschaulichen wir uns mit dem Fließen des Wassers, dass Energie von einem System auf ein anderes übertragen wird (was zutrifft). Die Metapher ist darüber hinaus damit verknüpft, sich Energie als Stoff vorzustellen (was nicht zutrifft).

Mikroben (Mikroorganismen) sind mikroskopisch kleine Lebewesen wie eukaryotische Einzeller und vor allem Prokaryoten: → Bakterien und → Archeen.

Nukleotide heißen die Bausteine der Nukleinsäuren. Sie bestehen aus einem Basenrest (z. B. Adenosin), einem Zuckerrest (z. B. Ribose) und einem Phosphatrest.

O

Oxidation nennt man den Prozess, bei dem Teilchen (Moleküle, Atome, Ionen oder Komplexe) Elektronen abgeben. Oxidation ist häufig mit der Aufnahme von Sauerstoffatomen verbunden (daher kommt der Name) sowie mit der Abgabe von Wasserstoffatomen, Gegenteil: → Reduktion.

Proteine (Eiweißstoffe) bestehen aus charakteristisch geformten (langkettigen) Makromolekülen, die aus zahlreichen Aminosäuren-Bausteinen aufgebaut sind. Verdauliche Proteine sind → Nährstoffe.

Protonen .... → S. 33

R

Reaktionsenergie → S. 9. Da in → offenen Systemen konstanter Druck herrscht, wäre der korrekte Fachterminus Reaktionsenthalpie, und entsprechend Bindungsenthalpie. Reaktionsenergie ist korrekt für Vorgänge bei konstantem Volumen. Aus Gründen der besseren Verständlichkeit werden im Buch die Termini Reaktionsenergie und → Bindungsenergie gewählt.

Reaktionssymbol: Mit Reaktionssymbolen werden chemische Reaktionen mithilfe von Molekülsymbolen (z. B. H_2O) und Atomsymbolen (z. B. H) beschrieben. Es ist üblich, Reaktionssymbole als chemische Gleichungen zu bezeichnen. Das ist jedoch nicht zutreffend, da es sich nicht um Gleichungen handelt: Auf beiden Seiten der Pfeile stehen unterschiedliche Stoffe. An Gleichungen erinnert lediglich, dass auf beiden Seiten die gleiche Anzahl von jeder Atomart steht.

Redoxpotenzial: Das Redoxpotenzial bezeichnet die Fähigkeit von Stoffen, einen Elektronenübergang von einem Molekül, Atom oder Ion zum anderen zu bewirken. Es wird anhand der Spannung gemessen, die der Stoff (in reduzierter und oxidierter Form) gegenüber einer normierten Wasserstoff/Wasser-Elektrode erzeugt. Bei Redoxreaktionen hat der Elektronen aufnehmende Stoff (Oxidationsmittel) zusammen mit seiner oxidierten Form ein höheres Redoxpotenzial als der Elektronen abgebende Stoff (Reduktionsmittelmittel) zusammen mit seiner reduzierten Form. Innerhalb einer Elektronentransportkette nehmen die Redoxpotenziale daher in Richtung des Elektronentransports zu.

Redox-Reaktion .... → S. 30

Reduktion heißt der Prozess, bei dem Teilchen (Moleküle, Atome, Ionen oder Komplexe) Elektronen aufnehmen. Reduktion ist oft mit der Aufnahme von Wasserstoffatomen oder der Abgabe von Sauerstoffatomen verbunden. Die Bezeichnung Reduktion ist vom speziellen Fall abgeleitet, bei dem Metallionen durch die Aufnahme von Elektronen zu Metallatomen „zurückgeführt" (reduziert) werden, Gegenteil: → Oxidation.

Reduktionsäquivalent .... → S. 29

S

Sauerstoff .... → S. 41

Schlüssel-Schloss-Prinzip: Viele Reaktionen in Organismen finden deshalb statt, weil die Reaktionspartner in ihrer Gestalt zueinander passen. Das darauf gründende Schlüssel-Schloss-Prinzip trifft vor allem auf Proteine, Steroide, Nukleinsäuren und deren Reaktionspartner zu. Diese Stoffe haben zum Beispiel als → Enzyme, mRNA, Hormone und Rezeptoren in Zellmembranen sehr unterschiedliche Funktionen, die nicht allein durch das Prinzip zu erklären sind. Oft dient das Andocken von Molekülen nach dem Schlüssel-Schloss-Prinzip als Auslöser von komplexen biochemischen und organismischen Reaktionen.

Selbstorganisation nennt man Prozesse, in denen sich Materieteilchen spontan zu größeren Strukturen mit bestimmter Funktion („Organen") zusammenlagern (ordnen). Selbstorganisation ist damit eine komplexe Form der → Strukturbildung.

Strukturbildung .... → S. 58
Substrat .... → S. 59
Substratphophorylierung .... → S. 26
substratspezifisch .... → S. 50
Synthesereaktion .... → S. 37
System .... → S. 45

T

thermisch gespeicherte Energie .... → S. 7
Thylakoid .... → S. 37

Tiefe Biosphäre: Als Tiefe Bioshäre werden die Systeme aus Bakterien und Archeen bezeichnet, die chemosynthetisch in Gesteinen und Sedimenten leben. Die Mikroben wachsten nur sehr langsam, nach Schätzungen soll ihre Biomasse jedoch ebenso groß sein wie die der Biosphäre der Erdoberfläche.

Transport .... → S. 14

U

Übertragung Phosphatrest .... → S. 51
Unordnung .... → S. 56

V

Verbrennung .... → S. 25

Verdauung ist der Abbau von makromolekularen Nährstoffen zu niedermolekularen, sodass diese in die Zellen der Darmwand und schließlich ins Blut oder in die Lymphe aufgenommen (resorbiert) werden können.

Vesikel sind Bläschen, deren Hülle eine Zellmembran (Biomembran) ist. Das Lumen enthält Stoffe (z. B. Wasser, Enzyme, Sekrete). Vesikel werden von einer Membran der Zelle abgeschnürt, können mit ihr verschmelzen und dabei ihren Inhalt entlassen. → Membranfluss

W

Wärme .... → S. 6 f.
Wasserbildung .... → S. 10
Wasserspaltung .... → S. 10
Wasserstoffionen .... → S. 33
Wasserstoffträger .... → S. 28
wirkungsspezifisch .... → S. 50

Z

Zellatmung .... → S. 24
Zitronensäurezyklus .... → S. 28 f.
zyklischer Elektronentransport .... → S. 42

Wie Sie mit diesem Buch arbeiten können.

Die Bücher der Reihe *Neue Wege in die Biologie* sollen dazu dienen, besonders schwierige Themen des Biologieunterrichts sinnvoll zu lernen. Im Biologieschulbuch und im Unterricht werden häufig mehr Details und umfangreichere Inhalte mitgeteilt, als Sie hier finden können. Stattdessen legen wir Wert auf Prinzipien und prägnante Zusammenhänge. Wenn Sie Strukturen und Prozesse verstehen, werden Sie auch Einzelheiten besser einordnen und leichter lernen können als zuvor.
Wir möchten, dass Sie die Inhalte nicht für den nächsten Test auswendig lernen, sondern sie verstehen.

Für diesen Zweck ist jedes Buch dieser Reihe wie folgt aufgebaut:

- **Kapiteleinstieg:** Jedes Kapitel beginnt mit einer Doppelseite, auf der links themenrelevante Bilder und rechts wichtige Fragen aufgelistet sind, die vor allem Alltagserfahrungen oder auch nicht geklärte Informationen aus Unterricht und Medien ansprechen. Nach dem Durcharbeiten des Kapitels sollten Sie diese Fragen einer jüngeren Schülerin oder einem jüngeren Schüler verständlich beantworten können. Erst wenn man etwas einfach erklären kann, hat man es richtig verstanden!
- **Kernaussage:** Über den folgenden Doppelseiten steht ein Satz als Überschrift, der die zentrale Aussage der Doppelseite vermittelt. Sie können beim Durcharbeiten der Seiten jeweils für sich prüfen, was die einzelnen Absätze zu dieser Kernaussage beitragen.
- **Text:** Die Texte der Seiten sind so gegliedert, dass sie die Übersicht und das Weiterdenken zum Thema erleichtern. Durch Seitenverweise werden Sie auf weiterführende Informationen hingewiesen. Die zweite Doppelseite eines jeden Kapitels gibt Ihnen mit den Fragen der Unterüberschriften und den zahlreichen Seitenverweisen eine **Einführung** in das Kapitelthema.
- **Kasten: In der Buchreihe** *Neue Wege in die Biologie* können einige Begriffe und Fachwörter vielfach von denen in Schulbüchern abweichen. Diese Abweichungen sollen das Lernen erleichtern, indem sie zutreffende fachliche Vorstellungen deutlicher vermitteln, als das sonst der Fall ist.
  Um Abweichungen zu verdeutlichen und einsehbar zu machen, dienen zwei Sorten von Kästen:
  In den Kästen **Wörter** und **Begriffe** werden meistens mehrere Fachwörter für denselben Sachverhalt behandelt und dabei solche Wörter herausgestellt, die den Sachverhalt möglichst zutreffend angeben und damit das Lernen erleichtern. Die anderen aufgeführten Fachwörter werden oft in Schulbüchern verwendet. Hier wird geklärt, wie sie fachlich richtig zu verstehen sind.
  In den Kästen **Ansichten und Einsichten** werden verbreitete (häufig nur halbwegs oder nicht zutreffende) Ansichten zu einem Sachverhalt aufgegriffen und gezeigt, was fachlich damit gemeint ist. Zuweilen wird eine ältere Ansicht neuen Einsichten gegenübergestellt.
- **Aufgaben:** Die Aufgaben auf den Seiten sind so gestellt, dass Sie mit ihnen Ihr Verständnis über den Inhalt der Seiten überprüfen können. Am Ende des Buches finden Sie mit der Überschrift „Alles klar?“ Aufgaben, die die Kapitel übergreifen. Mit diesen können Sie überprüfen, ob Sie Zusammenhänge zutreffend erfassen.
- Mit den QR-Codes können Sie die vorgeschlagenen Lösungen abrufen.
- **Glossar:** Das Glossar am Schluss des Buches hilft, Definitionen und Umschreibungen von Begriffen im Buch wiederzufinden. Es ersetzt so ein Stichwortverzeichnis. Einige Begriffe, deren Definitionen im Kapiteltext zu weit vom Gedankengang wegführen würden, sind im Glossar definiert oder umschrieben. Das Glossar wird durch Folgebände der Reihe fortlaufend erweitert und digital mit dem QR-Code bereitgestellt.

Nicht zuletzt möchten wir, dass durch *Neue Wege in die Biologie* das Lernen der Biologie Freude bereitet: Wenn Sie nach dem Überwinden mancher Schwierigkeit zu erhellenden Einsichten kommen, werden Sie dies erfahren! Zuweilen werden Sie Ihre Lehrerin oder Ihren Lehrer mit den gewonnenen Einsichten sogar überraschen können.